BIBLIOTHÈQUE DES ACTUALITÉS INDUSTRIELLES. — N° 97

Georges FRANCHE
INGÉNIEUR-MÉCANICIEN
A. & M. — E. C. P.

Manuel de L'Ouvrier Mécanicien

QUATRIÈME PARTIE

Engrenages et Transmissions

PARIS
Librairie Bernard TIGNOL
PUBLICATIONS DE LA
LIBRAIRIE de l'ÉCOLE CENTRALE des ARTS et MANUFACTURES
53 bis, quai des Grands-Augustins

MANUEL

DE

L'OUVRIER MÉCANICIEN

IV

ENGRENAGES ET TRANSMISSIONS

MANUEL DE L'OUVRIER MÉCANICIEN

PAR

GEORGES FRANCHE

Ingénieur-mécanicien. — Arts et métiers. — École Centrale des arts et manufactures. Agent technique de l'Office National de la Propriété industrielle.

8 VOLUMES IN-16, CARTONNÉS, DOS TOILE
PRIX : 15 FRANCS

ON VEND SÉPARÉMENT

1re Partie. — Principes de Mécanique générale. — Figures 1 à 95. . . . . 2 fr.

2e Partie. — Outils et Machines-outils. — Figures 96 à 174. . . . . 2 fr.

3e Partie. — Forge et Fonderies. — Figures 175 à 317. 2 fr.

4e Partie. — Engrenages et Transmissions. — Figures 318 à 406 . . . . 2 fr.

5e Partie. — Boulons, Rivets, Chaudronnerie. — Figures 407 à 570 . . . . 2 fr.

6e Partie. — Machines à vapeur . . . . 2 fr.

7e Partie. — Moteurs à gaz . . . . 2 fr.

8e Partie. — Hydraulique . . . . 2 fr.

ÉMILE COLIN, IMPRIMERIE DE LAGNY (S.-ET-M.)

BIBLIOTHÈQUE DES ACTUALITÉS INDUSTRIELLES N° 97.

MANUEL
DE
L'OUVRIER MÉCANICIEN

QUATRIÈME PARTIE

ENGRENAGES ET TRANSMISSIONS

PAR
Georges FRANCHE
(A. et M.) Ingénieur-Mécanicien. (E. C. P.)
Agent technique de l'Office national
de la Propriété Industrielle.

FIGURES 318 A 406

PARIS
LIBRAIRIE BERNARD TIGNOL
PUBLICATIONS DE LA
Librairie de l'École Centrale des Arts et Manufactures
53 *bis*, QUAI DES GRANDS-AUGUSTINS, 53 *bis*

ENGRENAGES

ET

TRANSMISSIONS

PREMIÈRE PARTIE

ENGRENAGES

Nous ne chercherons pas, dans l'étude pratique que nous allons faire des *Engrenages*, considérés comme organes simples de la *Transmission des Mouvements*, à en donner une définition générale, que nous croyons inutile parce qu'il serait nécessaire de la laisser suffisamment vague pour y rattacher une foule de solutions qui, théoriquement ou pratiquement, sont susceptibles d'y être classées tout naturellement.

On peut dire néanmoins, malgré cette réserve, que le but des engrenages est surtout de réaliser la transformation du *mouvement circulaire* d'un arbre (continu ou non) en un mouvement de même nature sur un autre arbre. S'il semble déjà, comme par exemple dans le cas de la crémaillère que conduit un pignon, et vice-versâ, qu'il y ait contradiction avec la définition générale précédente, c'est qu'il est indispensable de se figurer qu'à la limite, la *crémaillère*, ou engrenage en ligne droite, est un élément d'un cercle d'un immense rayon, transition théorique entre une *roue intérieure* et une *roue extérieure* dont les centres respectifs seraient à l'infini, dans un sens ou dans l'autre; au lieu d'être un mouvement circulaire, le mouvement obtenu serait rectiligne, et, par la force des choses, *alternatif*.

De ce que les engrenages servent à transmettre l'effort d'un arbre à un autre par rotation, il en résulte une classification toute naturelle tirée de la position de ces axes; on distingue donc :

1° Les ENGRENAGES CYLINDRIQUES, ayant leurs axes parallèles (exclusion faite des axes en prolongement l'un de l'autre, que l'on réunit par divers *Embrayages* dont nous parlerons dans la seconde partie : TRANSMISSIONS, de ce volume) ;

2° Les ENGRENAGES CONIQUES, dont les axes sont concourants ;

3° Les ENGRENAGES HÉLICOIDAUX, dont les axes ne se rencontrent pas mais sont, cependant, dans des directions à angle droit; étant fait remarqué ici que, lorsque ces directions sont quelconques, il est d'usage d'employer soit des joints rigides dits à la Cardan, soit des combinaisons des trois cas ci-dessus.

En raison du but de cet ouvrage, nous n'avons à nous occuper que des engrenages circulaires qui transmettent un mouvement continu ou alternatif d'un arbre à un autre, passant seulement très rapidement sur les *engrenages elliptiques* et autres engrenages trop spéciaux.

CHAPITRE PREMIER

ENGRENAGES CYLINDRIQUES

Le problème qu'il s'agit de résoudre consiste à conduire l'un par l'autre des axes projetés en C et C′ (fig. 318).

Montons pour cela, sur chaque axe, deux cercles tan-

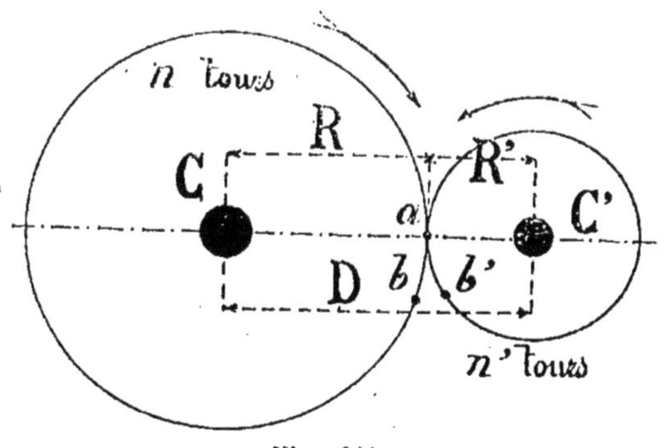

Fig. 318.

gents en un point commun a et examinons ce qui va se passer pendant la rotation : le point a, de la roue C, pressera celui a de C′ et le fera descendre au-dessous de la ligne des centres jusqu'en b ; puis un autre point de C pressera un nouveau point du pignon C′, et le mouvement se transmettra de la sorte par simple frottement des cylindres en contact.

Si C avait un rayon double de C', la circonférence de la roue serait évidemment double de celle du pignon et, alors, pour une fois que les points de la roue se seraient présentés en *a*, ceux du pignon s'y seraient présentés deux fois; donc, dans ce mode de transmission, on reconnaît immédiatement que *le nombre de tours est en raison inverse de la longueur des rayons;* ce rapport permet ainsi, étant donnés les rayons, de déterminer le nombre de tours.

Tel est le principe fondamental des engrenages; mais, si les roues étaient simplement polies et qu'il faille que le pignon communique le mouvement à d'autres pièces, la transmission ne pourrait plus avoir lieu *régulièrement;* c'est pourquoi, afin de rendre obligatoire la transformation du mouvement de l'une des roues à l'autre, on emploie des *dents d'engrenages*, parties saillantes appliquées sur la *couronne* théorique et s'engageant dans des *creux* correspondants de la seconde couronne.

On appelle CIRCONFÉRENCES PRIMITIVES celles qui servent de base au tracé des dents et qui sont tangentes au point commun de contact, situé sur la ligne de leurs centres; tout se passe comme si ces circonférences primitives roulaient sans glissement l'une sur l'autre et il est à observer de suite que les rotations sont de sens contraires pour les engrenages extérieurs, tandis que les arbres, conduits par des engrenages intérieurs, tournent dans le même sens.

Que les engrenages soient extérieurs ou qu'ils soient intérieurs, les questions qu'il y a à examiner pour qu'ils fonctionnent dans de bonnes conditions sont :

1° Tracé des circonférences primitives;

2° Détermination de l'épaisseur des dents de chaque roue; on la mesure sur la circonférence primitive et elle se nomme le *plein;*

3° Détermination correspondante de l'intervalle entre chaque dent, appelé *creux* ou *vide* ;

4° Recherche du nombre des dents, conduisant à l'adoption du *pas* des engrenages c'est-à-dire de la fraction commune des circonférences primitives comprenant un plein et un creux ;

5° Profil des dents ;

6° Saillie des dents, au delà des cercles primitifs, ou *face*, et profondeur relative des creux, ou *flanc*, à l'intérieur des mêmes circonférences.

Tracé des cercles primitifs. — Nous supposons donnée la position des centres et nous voulons que leurs vitesses (ou leurs nombres de tours) satisfassent à un rapport également connu K ; à cet effet, on partage la distance des centres (fig. 318) en deux fractions telles qu'elles soient entre elles dans le rapport inverse du nombre de tours :

$$\frac{C\,a}{C'a} = \frac{n'}{n}.$$

Admettons, par exemple, que les deux axes soient distants de 0 m. 525 (D = 0,525); l'arbre C' du pignon doit conduire la roue C ; il a, par minute, une vitesse de 150 tours que l'on désire réduire à 60 tours sur l'arbre C ; les rayons $Ca = R$ et $C'a = R'$ devront être en rapport inverse des vitesses, soit :

$$\frac{R}{R'} = K = \frac{150}{60} = 2,50.$$

La solution revient donc à l'opération d'arithmétique simple de diviser 0 m. 525 en parties proportionnelles à 1 et à 2,50; ce qui donne :

R = 0 m. 375, R' = 0 m. 150.

Un autre exemple peut s'appliquer aux engrenages intérieurs, pour lesquels il est toutefois nécessaire que la roue et le pignon soient agencés de manière que les arbres soient ou interrompus ou à distance suffisante pour échapper le pignon ; c'est ce dernier cas que nous allons examiner, les rotations étant de même sens :

Les axes sont supposés distants de 0 m. 225 ; la roue fait 100 tours par minute et on désire qu'elle conduise le pignon à une vitesse de 250 tours ; le rayon R sera évidemment, ici, la somme :

$$R = 0{,}225 + R',$$

et, en appliquant la règle ci-dessus :

$$K = \frac{R}{R'} = \frac{250}{100} = 2{,}50,$$

d'où nous tirons, en résolvant ces équations simples :

$$R' = 0 \text{ m. } 150,$$
$$R = 0.150 + 0.225 = 0 \text{ m. } 375.$$

Les *formules générales* que l'on doit appliquer à la détermination des circonférences primitives sont, on le voit, selon que les engrenages sont extérieurs :

$$R = D \frac{K}{K \pm 1};$$

ou intérieurs :

$$R' = D \frac{1}{K \pm 1};$$

les notations de ces deux équations étant celles que nous avons adoptées dans les exemples pratiques précédents.

Largeur des dents. — La détermination des pleins se fait d'après les règles de la résistance des matériaux, que nous n'aurons à citer qu'exceptionnellement dans cet ouvrage ; nous remarquerons seulement que, lorsque la roue et le pignon sont confectionnés de la même matière, leurs pleins sont égaux, car ils ont les mêmes efforts à transmettre ; dans tout ce qui suivra, nous considérerons donc les pleins comme donnés.

Vide des dents. — Cet intervalle doit satisfaire à la condition que le plein de l'engrenage correspondant puisse y pénétrer librement ; théoriquement, le vide égale le plein ; mais, en pratique, un jeu est indispensable et le vide est pris un peu supérieur au plein.

Le *pas* d'un engrenage est la somme d'un creux et d'un vide et le jeu varie de $\frac{1}{10}$ à $\frac{1}{20}$ du pas.

Nombre des dents. — Appelons n et n' les nombres respectifs des dents de la roue et du pignon (fig. 318) ; a est le pas commun ; ce pas est répété n fois sur le cercle primitif, dont le développement est $2\pi R$; par conséquent

$$na = 2\pi R;$$

de même :

$$n'a = 2\pi R',$$

ce qui permet de connaître le nombre des dents de chaque organe, puisque nous supposons déterminés R, R' et a au préalable ; mais il faut cependant adopter pour n et n' des nombres entiers, ce que l'on fait par tâtonnements en prenant toutefois le pas légèrement plus grand.

Si nous reprenons l'exemple de l'engrenage cylindrique, où la distance des axes est D = 0 m. 525, et que l'effort à transmettre nécessite une largeur minimum de dents de quatorze millimètres et, par suite, un pas d'environ 28 millimètres, le calcul nous montrera qu'il faut que :

$$n = \frac{2\pi R}{a} = 84 \text{ dents plus } \frac{10}{100};$$
$$n' = \frac{2\pi R'}{a} = 33 \text{ dents plus } \frac{64}{100}.$$

Comme on ne peut pas réduire le pas, il y a donc lieu de l'augmenter en considérant que les nombres de tours doivent être constants (150 et 60) et qu'ils resteront constants en les multipliant chacun par un même nombre commensurable :

$$E = \frac{2\pi D}{a\,(t + t')} = \frac{2 \times 3.14 \times 0.525}{28\,(60 + 150)} = 0.561.$$

Choisissons, par conséquent $E = 0.5$ et nous obtiendrons :

$$n = 0.5 \times 60 = 30 \text{ dents,}$$
$$n' = 0.5 \times 150 = 75 \quad —$$

et, dès lors, le pas sera devenu :

$$a = 31 \text{ millim. } 42$$

que l'on répartira en un plein de 15 millimètres avec un vide de 16 millim. 4.

Profil des dents. — Le principal problème des engrenages consiste à déterminer la figure des dents, de façon à ce que la conduite d'une roue par l'autre se fasse comme par le simple contact des deux cercles que nous avons appelés primitifs.

Il est susceptible d'une infinité de solutions ; car, en se donnant à volonté une courbe quelconque sur la roue, il est facile de trouver la courbe à placer sur l'autre roue. On démontre à ce propos le théorème suivant, fondamental dans le tracé des engrenages :

Pour que deux courbes en contact, fixées en saillie sur les plans de deux cercles, se communiquent le mouvement, il faut que la normale commune a ces courbes passe toujours par le point de contact des deux cercles primitifs.

Parmi les solutions en usage qui satisfont assez bien aux transmissions mais qui, cependant, ne sont pas sans défaut, on distingue d'abord l'engrenage à *épicycloïde*, laquelle se transforme en cycloïde dans le cas d'une crémaillère; cette courbe répond aussi, d'ailleurs, au théorème de principe ci-dessus.

CHAPITRE DEUXIÈME

ENGRENAGES A ÉPICYCLOIDE

On nomme *cycloïde* (fig. 1, pl. I) la courbe engendrée par un point M de la circonférence d'un plateau OM qui roule sur une règle AB sans glisser; l'*épicycloïde* est la courbe engendrée par un point d'un plateau circulaire générateur qui roule, soit intérieurement, soit extérieurement, sur un arc de cercle (fig. 2 ou 3).

En pratique, on a substitué, à un cercle générateur unique, deux circonférences ayant chacune un diamètre égal au rayon de chaque cercle primitif (fig. 4, pl. II); de sorte que le profil de chaque dent se compose d'un flanc en ligne droite suivant le rayon du cercle primitif (Engrenage de Lahire, *Mécanique générale*, page 61) et d'une face formée d'un arc d'épicycloïde; on obtient ainsi un profil de dent plus simple et plus facile à exécuter que celui qui se composerait de deux courbes; mais la dent est beaucoup moins satisfaisante sous le rapport de la résistance, principalement dans les pignons de petit diamètre (fig. 7, pl. II), car la convergence des rayons vers le centre fait perdre à la dent une partie de son épaisseur, juste à l'endroit de son

TRACÉ DES ENGRENAGES
Cycloïde
Fig 1.
Epicycloïde intérieure
Fig 2
Epicycloïde extérieure.
Fig 3
Epicycloïde extérieure
___id___ raccourcie
... id ___ rallongée
Fig 4
Epicycloïde intérieure
___id___ rallongée
Fig 5
Application générale des courbes
épicycloïdales au tracé des dents
des roues d'engrenage
Fig 6
Développante de cercle
Fig 7

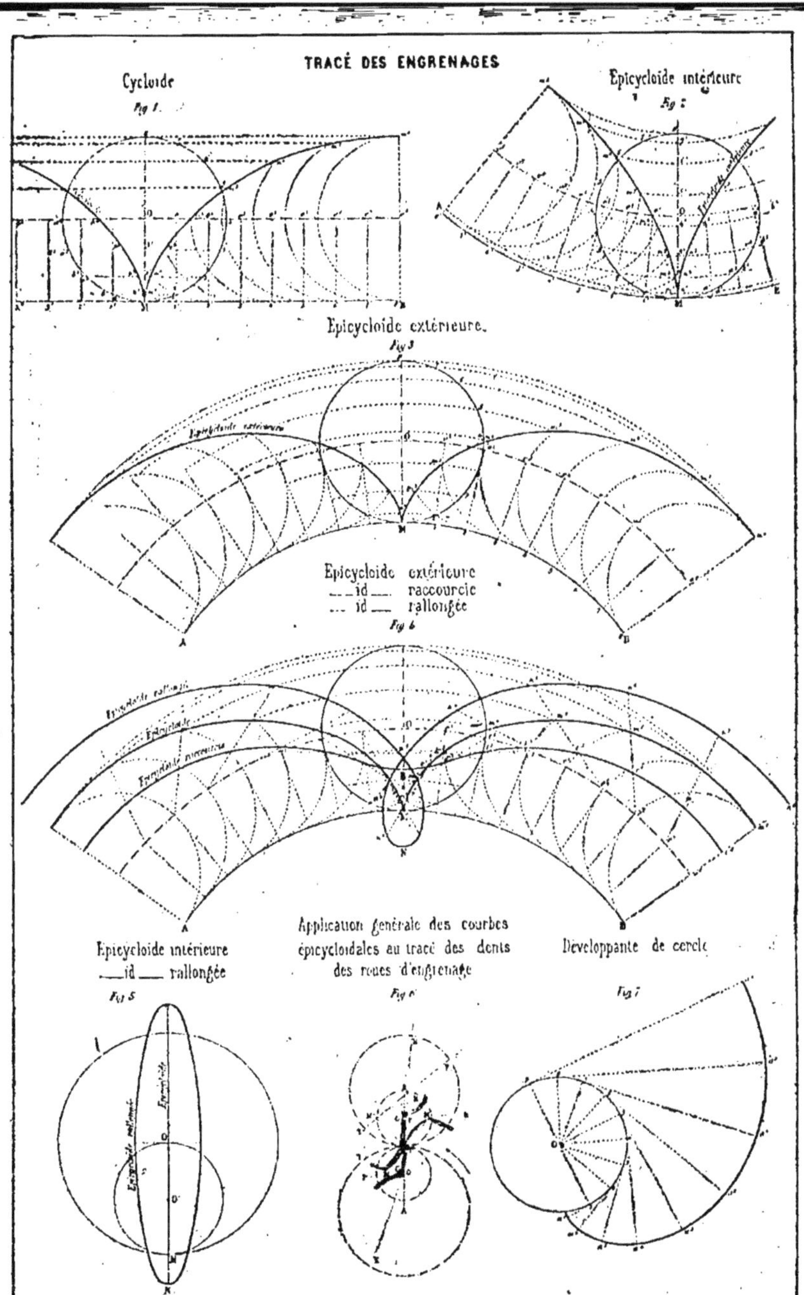

Planche I.

encastrement sur la couronne où la rupture a tendance à se produire.

Pour obtenir le gabarit de l'épicycloïde théorique, soit O la circonférence roulant sur AMB (fig. 2 ou 3, pl. I) ; il faut déterminer la courbe engendrée par un point M pendant le roulement ; on divisera la circonférence de O en 16 parties égales, aux points 1, 2, 3, 4..., par chacun desquels on fera passer une circonférence ayant même centre que AMB ; on portera les mêmes divisions sur la circonférence AMB et on réunira les points au centre de celle-ci par des rayons qui rencontreront la circonférence décrite par le centre O en o^1, o^2, o^3,... — De chacun de ces points, comme centre, avec le rayon OM, on tracera des arcs de cercle coupant respectivement les arcs de même centre que AMB et passant en 1, 2, 3, 4, ..., en m^1, m^2, m^3, m^4, ... qui appartiennent à l'épicycloïde cherchée.

Soit donc à représenter l'engrenage de deux roues dont les cercles primitifs ont pour rayons AT, BT (fig. 4, pl. II) ; nous choisirons ces rayons pour diamètres des cercles générateurs de l'épicycloïde ; si l'on fait rouler le cercle OT sur la circonférence primitive MT, le point T décrira l'épicycloïde T, 1, 2, 3, 4, face d'une dent de la roue BT ; le même cercle roulant sur la circonférence. P T R décrira l'épicycloïde T*t* suivant le rayon AT (*Mécanique générale*, page 61) qui sera le flanc de la roue A.

Faisant rouler le cercle générateur O'T sur le cercle primitif TR, le point T décrira l'épicycloïde T, 1', 2', 3', ..., face de la dent de la roue A ; le même cercle O'T, roulant sur la circonférence primitive NTM, déterminera le flanc T *t'* de la dent de la roue B.

Le profil des dents des deux roues étant ainsi obtenu, on fera la division sur chacune des circonférences primitives ; puis l'on terminera les dents de la roue A en faisant leurs flancs suivant les rayons de la circonférence tandis que leurs faces seront des courbes exactement semblables à l'épicycloïde T, 1', 2', 3', 4'; pour la roue B, les flancs seront des portions de rayons et les faces, des arcs semblables à T, 1, 2, 3, 4.

On remarquera qu'avant la ligne des centres, le flanc du pignon pousse la roue et que les dents tendent à se rapprocher ; dans leur mouvement, elles glissent l'une sur l'autre en se poussant ; si, au moment de la prise, deux dents venaient à s'accrocher, il y aurait un arc-boutement qui occasionnerait la rupture des dents et provoquerait même parfois celle de la roue ; il faut donc tenir compte de ce danger et limiter la longueur des dents.

Sauf les cas spéciaux des engrenages à lanterne (fig. 6, pl. II) ou intérieurs (fig. 7, pl. II), on peut admettre, pour les autres cas du tracé à épicycloïde, que l'engrenage a lieu avant et après la ligne des centres ; et, comme il n'est pas indispensable qu'il y ait plus de deux dents en contact à la fois, il suffira qu'une dent commence à prendre quand la précédente est arrivée à la ligne des centres, alors qu'au même instant celle qui est en avant quittera.

La limite, pour les dents de la roue A (fig. 4, pl. II), sera en e', rencontre de l'épicycloïde du point e et du rayon e'B ; donc, du point A, avec Ae' pour rayon, on tracera un arc de cercle qui limitera les dents de la roue A. De même le point b, rencontre de l'épicycloïde $b'b$ avec le rayon bA, sera le point extrême de la dent, par lequel passera un arc de cercle tracé du point B comme centre. On pourra cependant donner aux dents un ou deux millimètres de plus en longueur, mais alors on arrondira les angles, afin d'éviter les arcs-boutements.

Ce moyen de limiter les dents des roues d'engrenage n'est bon que pour les cas ordinaires et il conviendra de le modifier pour celles qui ont des dents peu épaisses, car elles seraient trop courtes ; bien au contraire, pour des roues de petit diamètre qui ont des dents assez fortes, la longueur deviendrait excessive et les dents seraient trop faibles à leur extrémité.

Crémaillère (fig. 5, pl. II). — Pour tracer le profil des dents d'un pignon engrenant avec une crémaillère, on portera sur la circonférence primitive et sur sa tangente, des parties représentant l'épaisseur de la dent et le creux.

La face T des dents de la crémaillère sera une cycloïde engendrée par le cercle de diamètre AT égal au *rayon* du cercle primitif roulant sur la droite primitive MTN ; le même cercle, roulant sur la circonférence PTR du pignon, donnera le flanc de la dent du pignon suivant le rayon Tt^2, c'est-à-dire une ligne droite.

Quant au flanc de la dent de la crémaillère et à la face de la dent du pignon, le premier sera nécessairement un point, tandis que la face de la dent du pignon sera la *développante* du point T (de la circonférence primitive), eu égard à ce que nous expliquerons plus loin.

Pour déterminer la longueur des dents, on opérera d'une façon analogue à ce qui est indiqué ci-dessus ; quoique la partie utile du flanc de la crémaillère se réduise à un point, on lui donnera toutefois une certaine longueur pour le passage des dents de la roue ; il sera toujours préférable de faire prendre les dents avant et après la ligne des centres, quand ce sera possible, mais sans trop s'en écarter cependant.

Lanterne (fig. 6, pl. II). — On donne ce nom à une roue dont les dents sont formées de fuseaux cylindriques ; la section d'une dent est donc un cercle.

Le tracé de la dent de la roue consiste à considérer les fuseaux comme s'ils étaient réduits à leur axe ; on construira l'arc d'épicycloïde *a*, *b*, *c*, *d*, décrit par la circonférence

TRACÉ DES ENGRÈNAGES.
Mouvement de deux axes dans le même sens
1re Disposition
Fig. 1 (0.33 pour 1m)
Mouvement de deux axes en sens inverse
Fig. 2
Données
Résultats
Engrenage de deux roues
Fig. 4
2me Disposition
Fig. 3. (0.033 pour 1m)
Engrenage d'un pignon
avec une crémaillère
Données
Résultats
Roue extérieure menant une lanterne
Fig. 6
Roue intérieure menant un pignon.
Fig. 7

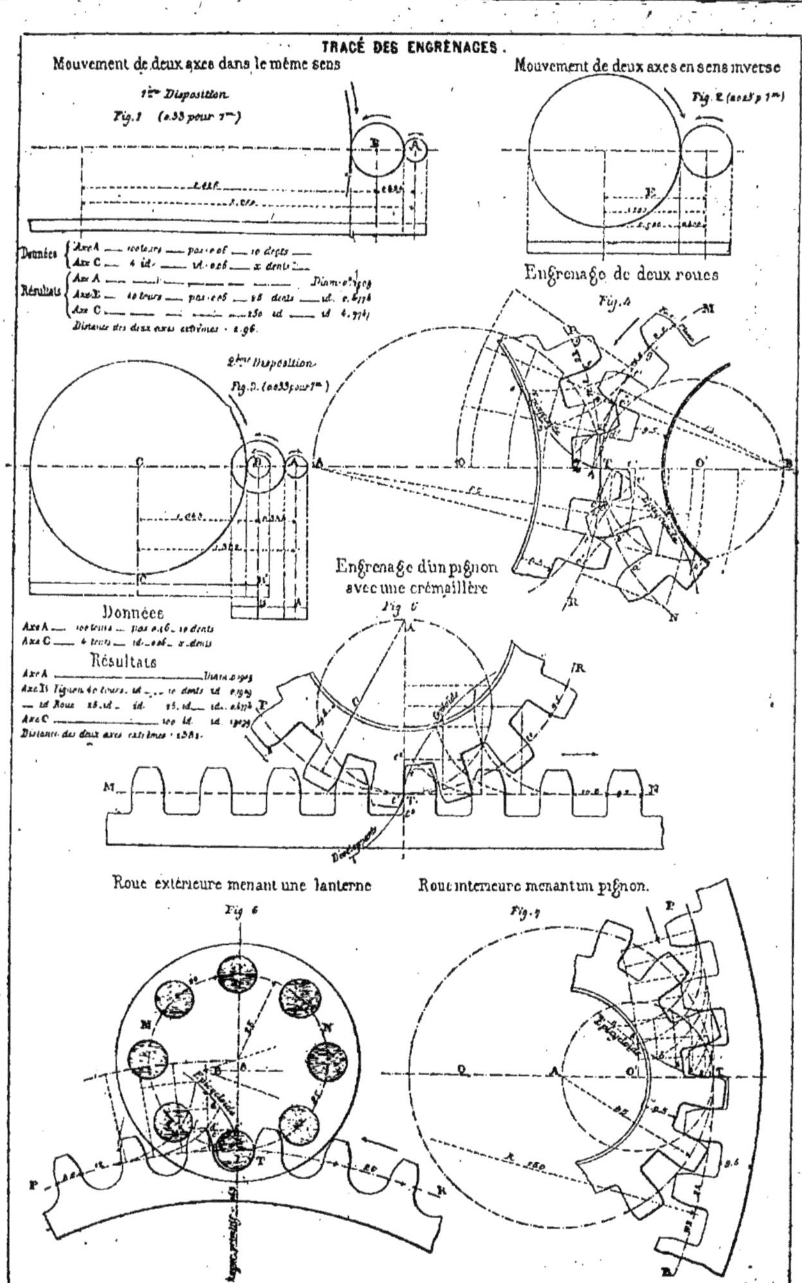

Planche II.

A*a* roulant sur PTR ; puis, des points *b*, *c*, *d* comme centres, avec le rayon du fuseau, on tracera de petits arcs sur lesquels on fera passer la courbe *b'*, *c'*, *d'*, donnant le profil de la dent qui se trouve reporté un peu plus loin, à cause du jeu.

Cette sorte de roue ne peut qu'être conduite soit avant, soit (ce qui est préférable) après la ligne des centres ; on s'arrangera donc pour qu'une dent ne quitte que lorsque la suivante aura un peu dépassé cette ligne ; on terminera les dents par un arc de cercle passant par le point *f*, situé au delà de la circonférence *ag*.

Le contact n'ayant lieu que sur une petite largeur, l'usure est assez rapide ; on donne comme diamètre, aux fuseaux, $\frac{4}{3}$ ou $\frac{5}{3}$ de l'épaisseur d'une dent normalement calculée.

Engrenages intérieurs (fig. 7, pl. II). — Soient les deux cercles primitifs AT et PTR ; la circonférence de rayon O'T, roulant sur P T R, décrira l'épicycloïde intérieure T, 1, 2, 3, 4, 5, qui sera la face de la dent de la roue ; puis, le même cercle roulant sur celui de rayon AT, l'épicycloïde se confondra avec le rayon du cercle primitif.

D'autre part, le cercle de rayon OT, roulant intérieurement sur la circonférence primitive BT, engendrera la courbe de la dent de cette roue qui se trouverait, comme la face, dans l'intérieur du cercle AT ; de sorte que l'exécution matérielle du flanc et de la courbe serait impossible ; on est réduit à faire conduire avant ou après la ligne des centres ; pour éviter que la dent du pignon, qui n'a qu'un flanc, ne s'use trop vite à l'extrémité, on la fait un peu plus longue, en terminant cette partie du profil par un arc de cercle.

On déterminera la longueur des dents de manière à en

avoir, autant que possible, deux en prise à la fois, pourvu que leur longueur n'excède pas 1,5 fois leur épaisseur ; si elles étaient trop longues, on pourrait faire conduire le pignon par la roue avant la ligne des centres, en traçant la face des dents du pignon en développante du cercle primitif ; ce moyen ne doit être employé que dans un cas extrême ; car le point de la dent situé sur la circonférence primitive s'userait très rapidement.

D'après tout ce qui précède, on voit que ce tracé offre l'avantage qu'un pignon peut engrener avec une infinité de roues ; de plus il est réciproque ; cependant le tracé de la dent d'une roue dépend du rayon de l'autre roue et il est, par conséquent, impossible de faire marcher l'une d'elles avec une troisième quelconque d'un autre diamètre.

Un autre inconvénient du tracé à épicycloïde, est que, dans la conduite après la ligne des centres, la normale commune aux courbes varie d'inclinaison, ce qui entraîne une assez grande inégalité de pression ; le maximum a lieu vers la fin du contact et, dès lors, les flancs s'usent rapidement, modifiant ou détruisant ainsi le profil théorique.

Enfin, pour que le mouvement se fasse régulièrement, il est indispensable que les axes des roues devant fonctionner ensemble soient montés à une distance parfaitement égale à celle qui a servi au tracé de l'épure ; puis les roues épicycloïdales étant obtenues par points, il est fort difficile de les obtenir exactement et, quelque soin que l'on apporte à leur détermination, on n'a jamais qu'une solution approchée, même sur des machines-outils perfectionnées.

C'est ce qui, chez la plupart des constructeurs, leur a fait substituer un tracé pratique qui s'en approche, sans doute, mais qui n'est qu'un moyen empirique dont on ne peut cependant pas toujours se contenter.

CHAPITRE TROISIÈME

ENGRENAGES A DÉVELOPPANTE

Si l'on entoure (fig. 7, pl. I) une circonférence avec un fil supposé inextensible et qu'on déroule ce fil en le maintenant tendu, un point décrira une courbe que l'on appelle *développante ;* le cercle sera appelé *générateur*.

On démontre, comme pour l'épicycloïde, que la développante de cercle peut être prise pour figure de la dent de la roue et de celle du pignon, la normale commune aux profils en contact passant par le point de tangence des cercles primitifs.

Pour tracer cette courbe, supposons que O soit le centre de la circonférence génératrice ; on porte un certain nombre de divisions, égales entre elles, aux points 1, 2, 3, 4, ... ; par chacun de ces points, on mène des tangentes à la circonférence; ensuite, du point 1 avec 1 a pour rayon, on trace un arc a, a^1 ; du point 2, avec 2 a^1 pour rayon, on décrit a^1, a^2; puis du point 3, avec 3 a^2, l'arc a^2, a^3 et ainsi de suite. On obtient une courbe a, a^1, a^2, a^3, ... qui sera la développante du cercle Oa; la droite 9a^9 est le développement de la portion de circonférence a, 1, 2, 3, ..., 9 et, par conséquent, elle lui est égale.

TRACÉ DES ENGRENAGES.
Tracé à développante
Fig 1
Tracé Willis
Fig 3
Tracé à développante
Fig. 2
Roue O
Face Rayon _ PN
Flanc _ id _ QM
Roue O'
Face _ Rayon PM
Flanc _ id _ QN
Tracé
Poncelet
Fig 4
Pignon 12 dents
Roue 35 dents

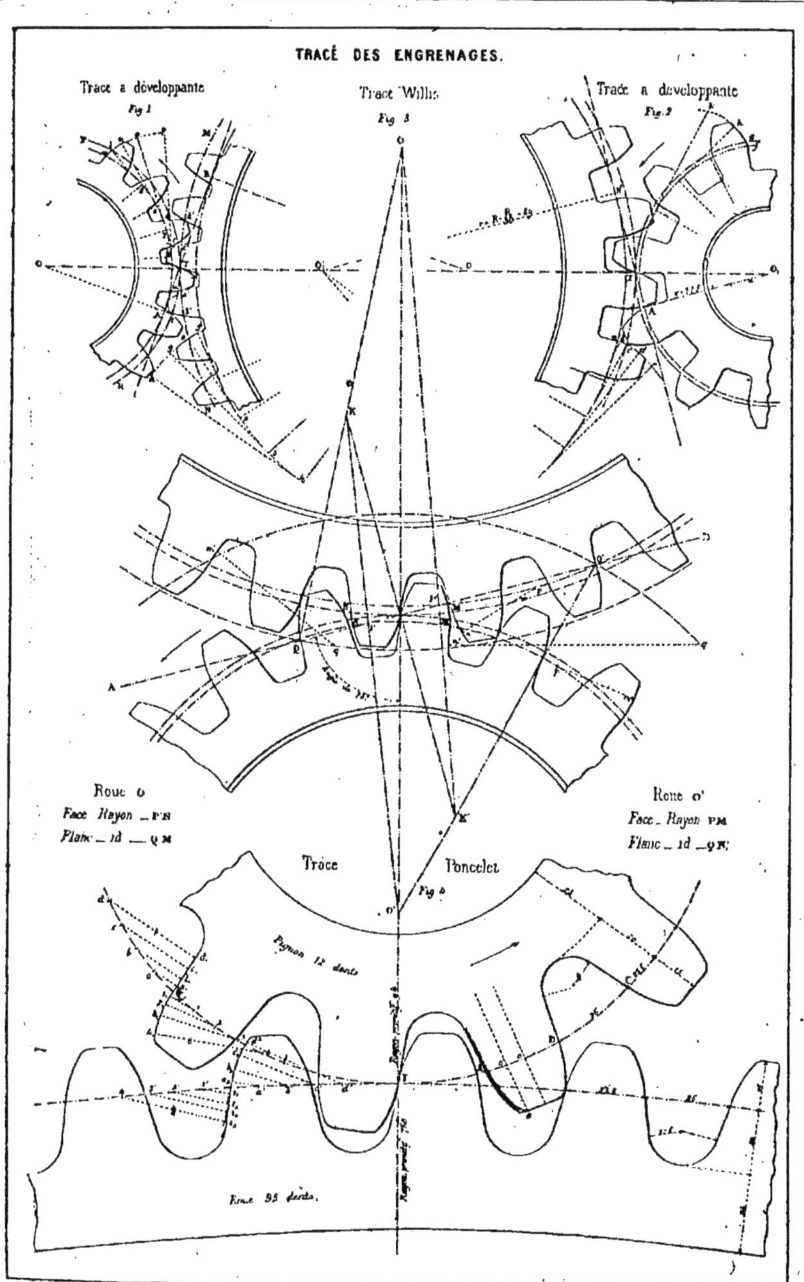

Planche III.

Pour appliquer cette courbe au tracé des dents, soient les circonférences primitives PTR, MTN (fig. 1, pl. III), de deux roues de centres O et O'; on mène, par le point T, une ligne inclinée TAB dont la direction est définie ainsi qu'il suit : le pas de la denture étant donné, on le portera sur la circonférence du pignon de T en *t*; on joint O*t* et on abaisse la perpendiculaire TA sur O*t*; cette perpendiculaire est la droite inclinée que l'on recherche.

On relève de même la perpendiculaire O'B qui constituera, avec OA, les rayons de deux circonférences génératrices; ils sont proportionnels à ceux des circonférences primitives sur lesquelles la division des dents a été faite préalablement.

Dans certains ateliers, on se contente simplement de tracer une ligne TAB faisant un angle de 75 degrés avec la ligne des centres et, de ceux-ci, d'abaisser des perpendiculaires OA, O'B, qui constituent les rayons des génératrices.

Pour tracer une développante, par le point *e* de la roue O', on mènera la tangente *e* 2 à la circonférence O'B; ensuite, de chaque côté du point 2, on portera des parties égales en 1, 3, 4; de 2 comme centre, avec 2*e* pour rayon, on décrira l'arc *ef*; puis de 3, l'arc *eg* et, du point 4, l'arc *gh*; la courbe ainsi déterminée est celle qu'il faut reproduire à chacun des points de division *a'*, *b'*, *c'*, ... des dents de la roue O'.

Quant à la forme à donner à celles de O : en *l* sur la circonférence primitive, on mènera la tangente *l* 5; puis on portera des parties égales 5, 6; 6, 7; 7, 8; en ces points, on tracera les tangentes au cercle OA; du point 5 on décrira l'arc *lm*; de 6, l'arc *ln*; enfin, de 7 l'arc *no*; la courbe *lmnop* est la développante, que l'on reproduira à chaque point de division de la circonférence primitive.

Le profil des dents obtenues par ce procédé est très satisfaisant au point de vue de la solidité, car la dent va en croissant de la racine à l'extrémité; c'est un engrenage réciproque; le contact a lieu partie avant, partie après; il a lieu sur A B, de B en A.

Si les dents s'usent, elles restent sensiblement semblables à elles-mêmes, puisqu'elles s'usent à peu près partout de la même manière.

Dans le cas où les arbres viendraient à être légèrement déplacés, la régularité de l'engrenage n'en souffrirait pas, parce que les profils dépendent seulement des rayons des génératrices et non pas de la distance OO'; le changement de la distance des centres ne fait varier que l'inclinaison de ATB sur la droite des centres; mais les gabarits restent évidemment les mêmes.

Quand on a un petit nombre de dents, ce système est avantageux.

Toutes les fois cependant que la différence des rayons serait assez grande ou que les dents seraient fortes, on obtiendrait des courbes qui convergeraient rapidement l'une vers l'autre, lesquelles donneraient des dents extrêmement courtes et pourraient provoquer des arcs-boutements. On y obvie alors en prenant le rayon du cercle générateur égal à celui du cercle primitif moins $\frac{1}{30}$; on aura :

$$r = R - \frac{R}{30};$$

on obtiendra ainsi, pour des roues de dimensions courantes, des courbes convenables.

Crémaillère. — Le cercle inférieur devient, dans ce cas, une droite perpendiculaire à la ligne à 75 degrés; on démontre qu'en choisissant ces profils, ils restent toujours tangents.

Engrenages intérieurs. — On peut suivre la même règle que pour les engrenages extérieurs, en faisant observer cependant que l'on obtiendrait deux profils conjugués dont l'un serait concave, ou encore se réduirait à un seul point de contact à la rencontre des circonférences primitives.

C'est un désavantage, car alors l'usure se produit très rapidement en cet endroit; en outre, les dents ne sont pas faciles à tailler.

Méthode de Willis (fig. 3, pl. III). — La délicatesse des tracés précédents a fait rechercher des procédés par *arcs de cercles;* parmi ceux-ci, nous allons décrire la méthode approximative de Willis, qui donne des engrenages travaillant avec la douceur et la régularité indispensables et satisfait, d'ailleurs, à tous les besoins de la pratique. Elle est basée sur le théorème de Savary, relatif aux cercles osculateurs, que nous nous contentons ici de citer seulement.

Les circonférences primitives étant OT et O'T, on mène la droite ATB faisant un angle de 75 degrés avec la ligne des centres; c'est l'angle qui conduit aux formes de dents les plus convenables. Au point T, on mène une perpendiculaire à AB et l'on prend K'T et K''T égales entre elles, mais moindres que le plus petit des deux rayons primitifs; joignant OK et O'K, la rencontre de ces lignes avec A B donne les points P et Q, centres respectifs de deux arcs de cercle destinés à agir l'un sur l'autre.

Les points M et M' correspondent à un demi-pas au-dessus de la ligne des centres; le rayon PM sert à tracer les dents de la roue O' et le rayon QM' les flancs correspondants de la roue O.

Pour fixer la position des arcs pour toutes les dents des deux roues, du point O' avec O'P pour rayon on décrit une circonférence qui sera le *lieu* des centres des divers arcs de rayon PM; puis, avec cette ouverture P M on placera le compas de manière que la pointe fixe soit sur la circonférence OP et la pointe à tracer sur les divers points de division de la circonférence primitive de rayon O' (tel est *pm*).

On obtiendrait de la même façon les flancs correspondants des dents de la roue O.

Il reste à déterminer les faces des dents de la roue O et les flancs des dents de la roue O'; pour cela, nous joindrons OK' et O'K qui rencontreront ATB en P' et Q', centres de deux arcs qui se conduiront réciproquement; prenant TN et TN' égaux à un demi-pas, de l'autre côté des points P' et Q' par rapport à T, P'N sera le rayon des arcs de cercle qui formeront les faces des dents de la roue O et Q'N' sera le rayon des flancs des dents de la roue O'; on tracerait les circonférences OP' et O'Q' sur lesquelles sont situés les centres des arcs de cercle.

On remarquera que les deux arcs, l'un concave et l'autre convexe, qui déterminent le profil d'une même dent, ne se raccordent pas tangentiellement sur la circonférence primitive, mais un peu plus bas; l'arête de jonction sur cette ligne, très peu sensible d'ailleurs, peut, sans le moindre inconvénient, être légèrement arrondie.

On pourrait limiter les dents des roues à la rencontre des courbes que nous venons de tracer avec la droite AB; mais il vaut mieux avoir deux dents en prise toutes les fois que cela sera possible.

Une autre remarque très importante consiste en ce que, si l'on fait varier le rayon de la roue O par exemple, on ne modifie rien autre chose que la position des points P' et Q, ce qui fait varier le profil des dents de cette roue sans rien modifier à celles de la roue O'.

La valeur maximum de KT, qui doit, d'ailleurs, toujours être moindre que le plus petit des deux rayons primitifs, est celle qui répond au cas où O'Q' serait perpendiculaire à KTK'.

Méthode de Poncelet. — Ce tracé, très simple, consiste à construire la *courbe enveloppe* d'une courbe dite *enveloppée*; c'est-à-dire une courbe telle que, si on la fixe à un cercle mobile, elle soit constamment en contact avec l'enveloppe.

Étant données (fig. 4, pl. III) les circonférences primitives d'une roue et d'un pignon; la division des dents étant effectuée pour les deux roues et la forme de la dent du pignon étant arrêtée, il s'agit de déterminer le flanc et la face d'une dent de la roue, c'est-à-dire la courbe enveloppe dont celle de la dent est l'enveloppée.

On prendra, de chaque côté du point t sur le pignon, des des distances 1, 2, 3, 4, ... égales entre elles, puis on les portera sur la roue en 1', 2', 3', 4', ...; ensuite, avec la distance $1, 1_1$ pour rayon et se plaçant au point 1', on tracera l'arc $1', 1_2$; on rapportera de même l'arc $2, 2_1$ en $2', 2_2$; l'arc $3, 3_1$ en $3', 3, _2$...

On fera exactement les mêmes constructions pour le flanc du pignon et la face de la roue; les distances a, b, c, d seront reproduites sur la circonférence de la roue. On portera l'arc de cercle a, a_1 en a', a_2; puis b, b_1 en b', b_2; c, c_1 en c', c_2; d, d_1 en d', d_2; menant à ces arcs une courbe tangente, on aura ainsi déterminé l'enveloppe $4_2\, 3_2\, 2_2\, 1_2\, a_2\, b_2\, c_2\, d_2$ qui limitera la dent de la roue; elle engrènera parfaitement avec le pignon.

Il nous reste quelques mots à dire sur la détermination

des courbes qui doivent former le flanc et la face de la dent du pignon.

La forme des dents la plus satisfaisante pour la *résistance* est celle qui leur offre la plus grande épaisseur à la naissance; nous savons, de plus, qu'il est logique de se rapprocher de la forme théorique, qui est une parabole; il est donc judicieux de donner cette forme aux dents du pignon, sinon exactement au moins d'une manière approximative.

La division des dents sur le pignon étant faite aux points TABC, par le point o, milieu de la dent AB, on mènera un rayon; puis l'on partagera Ao en deux par une ligne parallèle au rayon o et l'on tracera, passant par le point A, une parabole dont l'axe sera en o' et le sommet en S; cela fait, on rapporte ainsi que nous l'avons indiqué la courbe $4_1\ 3_1\ 2_1\ 1_1\ t_1\ a_1\ b_1\ c_1\ d_1$ en $4_2\ 3_2\ 2_2\ 1_2\ a_2\ b_2\ c_2\ d_2$; si le résultat est satisfaisant, on s'en tient là; sinon, on voit par où il pèche et l'on modifie la courbe du pignon de manière à rendre la solution meilleure pour la roue.

Il est à remarquer que l'on peut, par ce tracé, avoir des faces courbes et des flancs en ligne droite; car on peut se donner, lorsque la forme est à peu près arrêtée, un flanc droit sur le pignon et sur la roue, puis construire les courbes de face que donneraient ces lignes droites.

C'est ce qui a été fait (fig. 4, pl. III); les flancs sont raccordés par des arcs de cercle; cela augmente encore la résistance, qui est ici deux fois plus considérable que si les flancs étaient formés de deux rayons partant des points de division de la circonférence primitive du pignon.

Saillie des dents. — La détermination de cette saillie et de la profondeur des creux se nomme l'*échanfrinement;* les données de ce problème sont les *arcs d'approche*, avant le contact des circonférences primitives, et les *arcs de retrait*, au delà de la ligne des centres; on limite les dents par des cercles concentriques, extérieur et intérieur.

On place les profils conducteurs successivement aux extrémités de ces arcs et on obtient ainsi la position des gabarits conjugués; il faut laisser un peu de jeu au fond du creux, environ $\frac{1}{10}$ du pas.

CHAPITRE QUATRIÈME

ENGRENAGES CONIQUES

Ils ont pour but de transformer la rotation autour d'un axe en une autre autour d'un second axe, rencontrant le

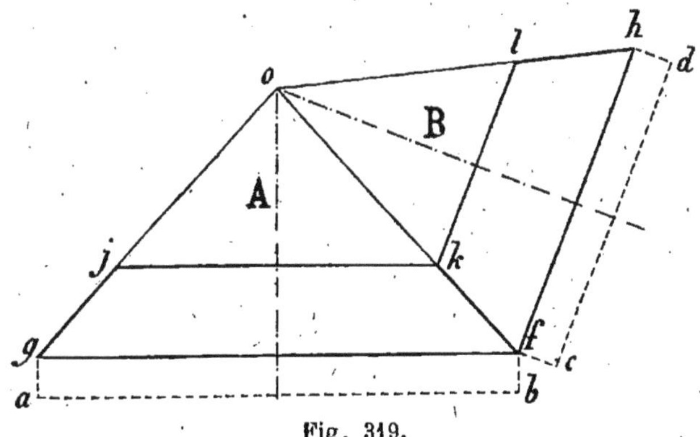

Fig. 319.

premier, de façon que le rapport des vitesses ou des nombres de tours de la roue et du pignon soit constant :

$$\frac{n}{n'} = K.$$

Dans ce cas, la distance des centres n'est pas donnée et ne se détermine que graphiquement; ainsi, soient deux axes A et B (fig 319); généralement ils sont perpendiculaires, mais le tracé reste le même pour des angles quelconques; on prend à l'échelle deux longueurs qui soient dans le rapport K; soit *ab*, *cd*; on mène des parallèles aux axes A et B et, par le point de rencontre *f*, on abaisse des perpendiculaires sur A et sur B; on obtiendra des longueurs égales *og*, *of*, *oh* qui constituent les génératrices des *cônes primitifs* de l'engrenage, car ils satisferont à la condition de rouler l'un sur l'autre dans le rapport K.

Il faut les garnir de dents; mais, au préalable, il est nécessaire de les limiter à des troncs de cône par des parallèles aux bases, en raison du diamètre des arbres; la longueur de la dent se calcule sur la génératrice extrême, comme pour les engrenages cylindriques; enfin, pour que les extrémités des dents ne soient pas trop aiguës, on les limite par deux autres troncs de cône de génératrices perpendiculaires aux premiers; on leur a donné le nom de *cônes de tête* et chaque roue en possède deux qui sont parallèles.

Soient alors (fig. 320) *ab*, *bc* les diamètres des cônes se rencontrant en *s*; joignons *as*, *bs*, *cs*, nous aurons les cônes primitifs; si *bd* est la longueur de la dent, en menant par *d* des parallèles aux cercles primitifs, nous obtiendrons les faces supérieures.

D'autre part, on a calculé l'épaisseur de la dent, dont se déduit le pas *a*; en divisant le développement du cercle primitif par le pas $\left(\frac{2\pi R}{a}\right)$ on a le nombre de dents de la roue; mais, comme il n'en résulte pas un nombre entier la plupart du temps, on choisit le nombre entier immédiatement inférieur qui soit divisible par le rapport K; le nombre des dents du pignon $N' = \frac{N}{K}$.

Tous ces préambules achevés, pour avoir la figure d'une dent, supposons un plan tangent aux cônes de tête inférieurs ; nous pouvons le développer ou considérer comme plane une très petite partie de ces cônes ; c'est sur cette petite partie plane que nous tracerons la figure de la dent d'un engrenage cylindrique ; les circonférences primitives sont *i b* et *h b* et on limite par des cercles les flancs et les

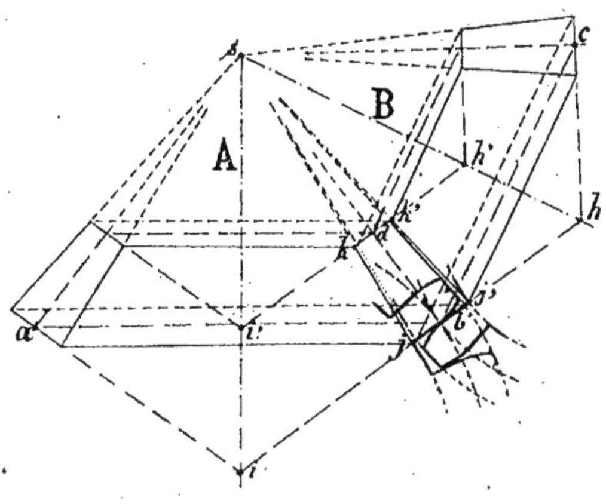

Fig. 320.

faces de chaque roue ainsi qu'il a été dit à propos des engrenages cylindriques.

Si, par *j* et *k*, nous menons des parallèles à *a b*, on a les projections verticales des circonférences dont les projections horizontales ne sont pas nécessaires pour le moment.

On peut ensuite rapporter ces profils sur une feuille de tôle mince, que l'on enroulera sur les cônes de tête correspondants et on joindra chaque point au sommet *s*.

Application. — Deux roues d'angle sont montées (fig. 1, 2, 3, 4, 5, 6, 7, pl. IV) sur des axes formant ensemble un angle droit ; les diamètres des cercles primitifs du pignon et de la roue sont 0 m. 416 et 0 m. 900; la force à transmettre par le pignon est de 980 kilos.

La roue est animée d'une vitesse de 100 tours par minute.

Calcul des deux roues présentées :

Vitesse à la circonférence :

$$V = \frac{2 \times 3,14 \times 0,208 \times 100}{60} = 2 \text{ m. } 180.$$

Pression sur les dents :

$$P = \frac{980}{2,180} = 450 \text{ kilos.}$$

Épaisseur théorique :

$$e' = 1,05 \sqrt{450} = 22,273.$$

Pas théorique :

$$p' = e \times 2,335 = 52,25.$$

Nombre de dents du pignon :

$$N = \frac{2 \times 3,14 \times 208}{52,25} = 25,01 \text{ (soit 25).}$$

Nombre de dents de la roue :

$$N' = \frac{2 \times 3,14 \times 450}{52,25} = 54,11 \text{ (soit 54),}$$

d'où le pas :

$$p = \frac{2 \times 3,14 \times 450}{54} = 52^{m}/_{m}36,$$

$$e = \frac{P}{2,335} = 22,424 \text{ (soit } 22^{m}/_{m}5\text{);}$$

pour la dent en bois :

$$e' = 22,424 \times 1,30 = 29,151 \text{ (soit 29).}$$

ENGRENAGES CONIQUES.
Projection verticale et coupe d'un pignon et d'une roue conique
Dimensions principales
Dimensions principales
Trace sur le cône intérieur
Trace des dents sur le cône de tête extérieur
Coupe du bras suivant MP
Coupe du modèle après le tournage
Coupe du modèle de la roue avant le tournage
Projection verticale de la roue (54 Dents)
Boîte à noyau
Echelle de 0.18 pour 1 mètre
ENGRENAGE A VIS SANS FIN
Vue de côte
Projection verticale
Inclinaison de l'hélice moyenne
Echelle grandeur d'execution

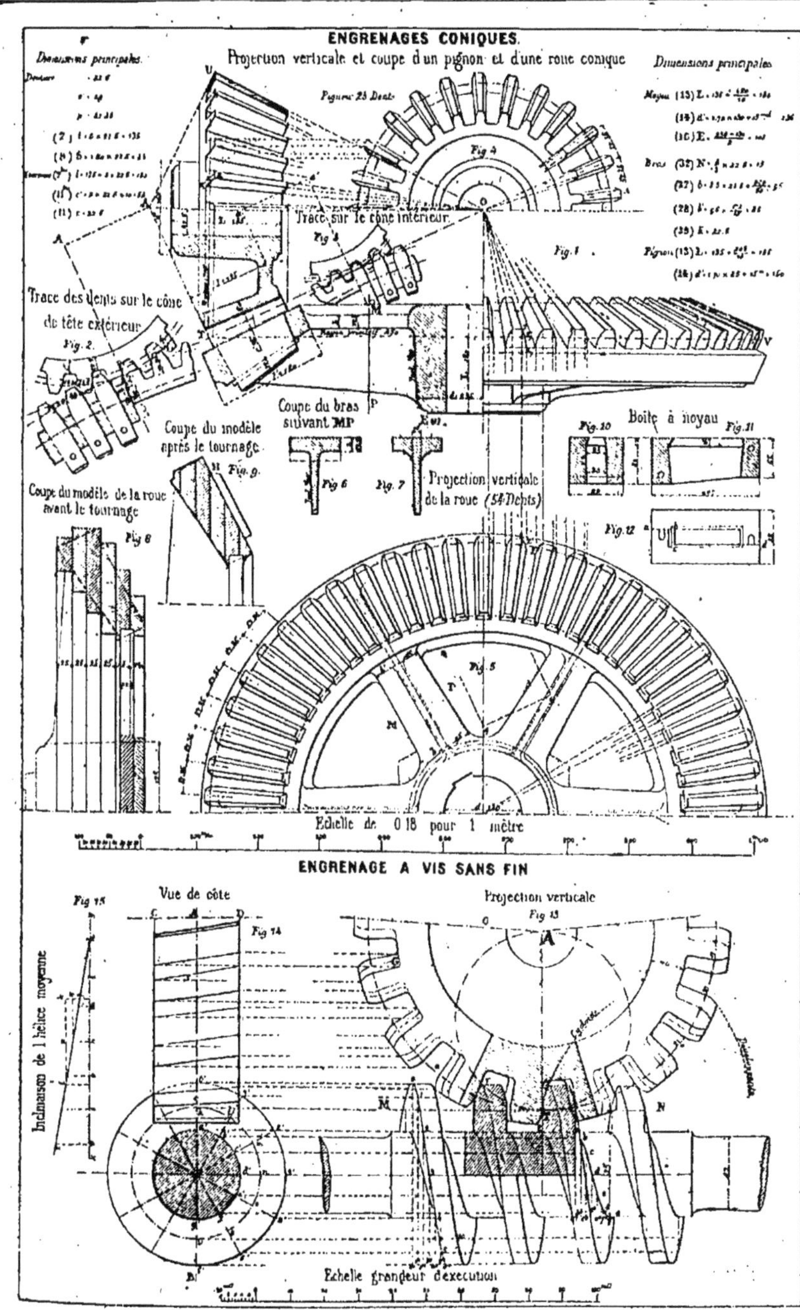

Planche IV.

Pour l'exécution, on suivra l'ordre que nous allons indiquer :

1° Établir (fig. 1, pl. IV) les axes OA et OB des deux roues et leurs cercles primitifs extrêmes TU, TV, *tu, tv;*

2° Développer (fig. 2 et 5, pl. IV) les cônes de tête T′ A′ et T′G′ qui donnent les circonférences primitives de la denture; on tracera des dents en développante de cercle ;

3° Terminer, à l'aide des cotes calculées, les demi-coupes de la roue et du pignon (fig. 1, pl. IV); on remarque que le bras se trouve à la partie supérieure de la couronne; cela tient à ce que celle-ci, étant inclinée, il ne serait pas possible de retirer le modèle du moule si le bras était au milieu, comme dans les engrenages cylindriques ;

4° Construire la projection horizontale du pignon et celle de la roue (fig. 4 et 5, pl. IV) en traçant les projections des cercles qui limitent les dents; puis on divisera les circonférences primitives extérieures, ou un cercle tracé au delà, en autant de parties qu'il y a de dents ; les largeurs des dents prises sur l'épure (fig. 2, pl. IV) seront portées sur les cercles extérieurs ; les points obtenus, joints au centre, donneront les faces des dents sur cette projection;

5° Il reste à construire les projections verticales des dents du demi-pignon et de la demi-roue. Pour celle du pignon, on mènera par le point T, par le fond et l'extrémité de la dent, des perpendiculaires qui limiteront leurs projections sur le cône de tête extérieur ; on fera de même pour celui intérieur *t;* puis des points x, x', x^2 des dents de la figure 4, pl. IV, on mènera des horizontales qui donneront x, x', x^2 ; ces points, joints par des lignes allant au centre O, sont les arêtes des dents du pignon sur cette projection ; elles sont limitées par des parallèles à TU. Les pointillés font voir la suite des opérations.

Pour la projection de la roue, même tracé, l'extrémité et le fond des dents sont limités par des horizontales à l'extérieur et à l'intérieur ; on obtient des points sur ces lignes en élevant des perpendiculaires des points correspondants de la fig. 5, pl. IV ; ceux que l'on obtiendra ainsi seront joints par des droites allant au centre O jusqu'à leur rencontre avec les lignes tracées du point t, de l'extrémité et du fond de la dent.

Nous terminerons en faisant quelques observations sur les engrenages coniques :

Il n'est pas possible de modifier le diamètre de l'une des roues sans modifier celui de l'autre ;

Une roue n'en peut donc pas commander deux autres de diamètres différents ;

Il est indispensable que les roues d'angle qui doivent fonctionner ensemble soient montées à des distances parfaitement égales à celles qui ont servi au tracé ; car, s'il n'en était pas ainsi, les dents, à cause à leur forme en coins, après avoir rempli l'espace réservé pour le jeu, seraient brisées et les arbres faussés.

ENGRENAGES A VIS SANS FIN

Cet engrenage diffère du précédent en ce que les deux axes ne sont plus situés dans un même plan ; la plupart du temps, ils forment entre eux un angle droit.

Il se compose d'une vis (fig. 13, pl. IV) qui engrène avec une roue dont les dents ont la même inclinaison que la vis ; l'axe moteur est l'axe qui marche le moins lentement.

Le pas de l'engrenage peut être égal au pas de la vis et alors, à chaque tour de la vis, il passera une dent de la roue ; par conséquent, le nombre de tours de la vis, pour un tour complet de la roue, sera égal au nombre de dents de celle-ci ; dans cette disposition il n'y a qu'une dent en prise et on préfère souvent faire le pas de la roue plus petit que celui de la vis. On prendra, dans ce cas, un second filet, de sorte qu'au moment où la première aura fait un demi-tour, l'autre la reprendra.

En général, le nombre de tours de la vis est, pour un tour de la roue, dans le rapport du nombre des dents au nombre de filets :

$$\frac{h}{n} = a,$$

h = pas de l'hélice ;
a = pas de la roue;
n = nombre de dents.

Il faut que les dents de la roue aient la même inclinaison que celle que fait le plan tangent à l'hélice avec l'axe de la vis sans fin ; quant au profil, tout se passe comme s'il s'agissait d'une crémaillère engrenant avec un pignon.

Après avoir déterminé, selon les règles de la résistance des matériaux, l'épaisseur des dents et, par suite, le pas des dents de la roue, ainsi que sa largeur, on supposera coupées la roue et la vis sans fin par un plan A B (fig. 13, pl. IV). On trace la forme des dents exactement comme pour un pignon et une crémaillère qui engrènent ; la face de la dent de la vis sera une cycloïde Td, engendrée par le cercle de diamètre AT roulant sur la droite primitive MTN ; le flanc sera la droite Td.

La face de la dent de la roue sera une portion de développante du cercle primitif de rayon AT ; le pas or de la vis doit diviser exactement la circonférence primitive du pignon ; après avoir tracé le profil comme pour une crémaillère, on fait passer, par l'extrémité et par le fond des dents, des hélices qui ont le même pas or. Pour déterminer la demi-hélice passant par les extrémités 0 et 6, on divise en 6, par exemple, la demi-circonférence qui représente la projection de l'hélice aux points 0', 1', 2', 3', 4', 5', 6' ;

puis le demi-pas de l'engrenage en 6 parties également, aux points 0^2 1^2 2^2 3^2 4^2 5^2 6^2; la rencontre des perpendiculaires, menées par ces points, et des horizontales correspondantes détermine la demi-hélice 0 1 2 3 4 5 6^2. On tracerait, par ce moyen, des hélices passant par les extrémités des dents.

On obtiendrait, à la rencontre des lignes a', b', c', d', e', f' et a^2, b^2, c^2, d^2, e^2, f^2 analogues aux précédentes, des points a, b, c, d, e, f de l'hélice suivant le fond de la vis ; on la répèterait autant de fois que cela serait nécessaire à l'aide d'un gabarit ou patron.

Les dents sont inclinées ; pour déterminer cette inclinaison qui est exactement celle de la vis, ainsi que nous l'avons dit, on développera l'hélice primitive : sur une droite xy (fig. 15, pl. IV) on portera les longueurs h, l, m, n, o, s, v, et, du point v sur la perpendiculaire $v\,z$, on portera le demi-pas de l'engrenage ; joignant hz, on aura l'inclinaison de l'hélice primitive.

De chaque côté de la perpendiculaire n, portant deux largeurs ui et uk égales à AC et AD, ij mesure l'inclinaison de la dent de la roue ; pour compléter la projection verticale, il suffit de porter, de chaque côté du profil de la section suivant AB de la roue, indiqué en traits pointillés (fig. 13, pl. IV) les deux longueurs qk et qj sur le cercle primitif et de tracer deux nouveaux profils pour chaque dent ; l'un représentera le profil des dents sur la face antérieure et l'autre sur la face postérieure. On construirait ensuite la fig. 14, pl. IV, qui représente l'inclinaison des dents sur une vue de côté.

Cet engrenage est très usité pour transmettre des vitesses de rotation avec de grands rapports ; mais il donne un frottement assez considérable, car le contact de la vis n'a lieu avec les dents que suivant la circonférence primitive et non dans toute la largeur de la vis.

Engrenage hélicoïde. — Si on remplace la vis sans fin par une deuxième roue dont les dents ont même inclinaison que la première, on aura un engrenage hélicoïde.

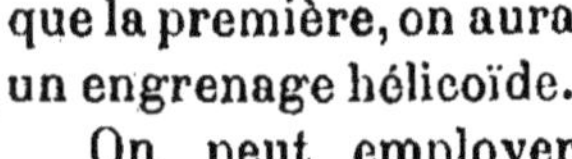

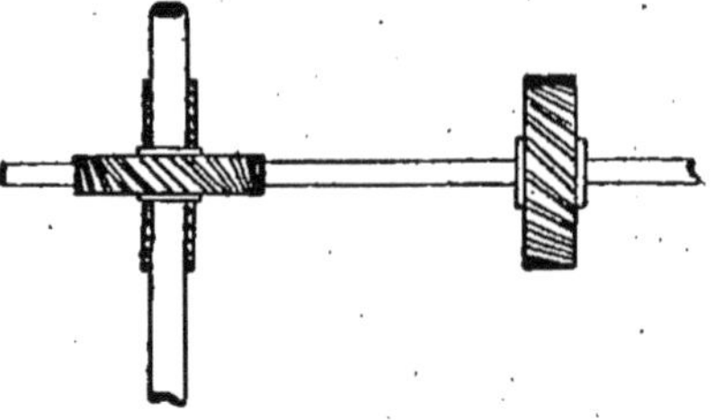

Fig. 321.

On peut employer cette disposition pour conduire, par un même arbre, une série d'arbres parallèles entre eux et formant un plan parallèle à l'axe conducteur (fig. 321) ; on met en prise, à chaque rencontre, des roues cylindriques dont les dents sont obliques et forment des portions de spires.

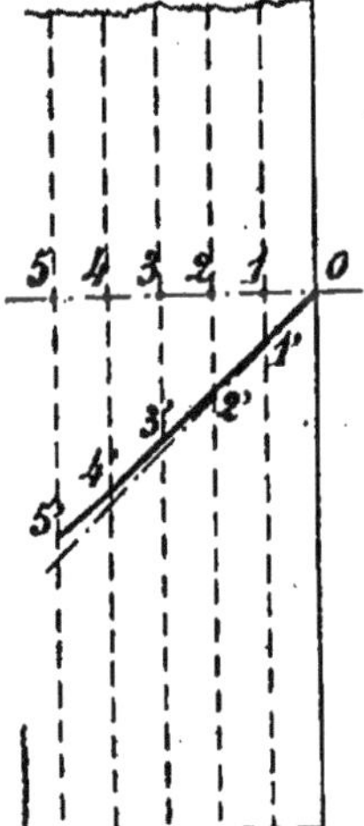

Fig. 322.

Le profil des dents se trace en développante de cercle sur les plans de base ; sur la surface cylindrique, on trace des hélices dont le pas soit incliné à 45° et qui servent de directrices au profil des dents; cela est simple, puisque sur une génératrice verticale du cylindre 0, 5 (fig. 322), on n'a qu'à prendre des points 1, 2, 3, dont on reportera la distance à 0 sur les cercles horizontaux en 1, 1'; 2, 2'; sur les faces planes on dessinera ensuite les profils en 0 et en 5' et on enlèvera la matière (au moyen d'une fraiseuse spéciale, généralement) à l'endroit où le creux des dents doit se trouver. Les sillons formés par l'outil sont nécessairement des hélices ; cela nous conduit logiquement à parler des dentures à chevrons, qui dérivent du principe précédent.

Dentures à chevrons. — Dans tous les engrenages à dentures droites, que nous avons décrits en détail dans les pages précédentes, les dents ordinaires n'agissent pas d'une façon absolument continue pour transmettre l'effort; il y a nécessairement un choc plus ou moins important au moment où une dent cesse d'être en prise et où elle est remplacée par la suivante, quel que soit le soin que l'on prend dans la taille. La résistance offerte par la roue conduite provoque, en effet, un léger recul dont la répétition, à chaque dent, produit le bruit bien connu du *roulement* des engrenages.

Avec les dents inclinées, on peut considérer une roue

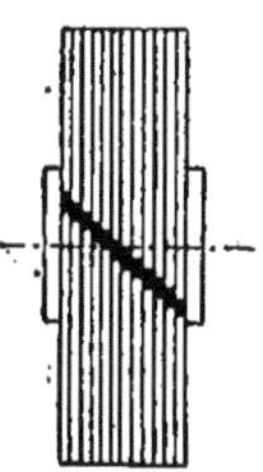

Fig. 323.

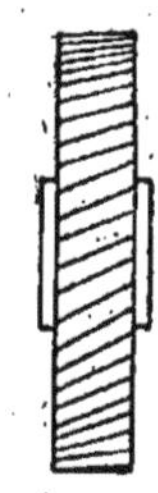

Fig. 324.

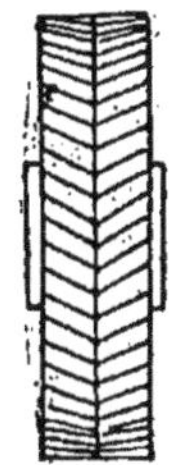

Fig. 325.

(fig. 323) comme la réunion d'une infinité de petites roues contiguës, où l'attaque et le retrait se font absolument sans solution de continuité dans le mouvement et où, par conséquent, il n'y a pas de recul sous l'action de la résistance; on évite ainsi les secousses et les chocs.

Les dents sont inclinées, ordinairement, de 25° sur les génératrices du cylindre (fig. 324); on les fait également en chevrons ou en V, avec inclinaisons égales de chaque côté du milieu et on réduit le pas de presque tout le jeu des engrenages droits (fig. 325); c'est ainsi que certains fondeurs adoptent un pas :

$$p_1 = 0{,}906\,p.$$

Leur tracé est analogue à celui des dents hélicoïdes; elles fonctionnent sans bruit; il s'ensuit que les ruptures sont moins fréquentes; ce procédé est appliqué aux engrenages cylindriques et aux engrenages coniques.

Dimensions à donner aux dents d'engrenages d'après la pression qu'elles supportent. — Dans le tableau qui suit, avec lettres de référence s'appliquant à la figure 326 :

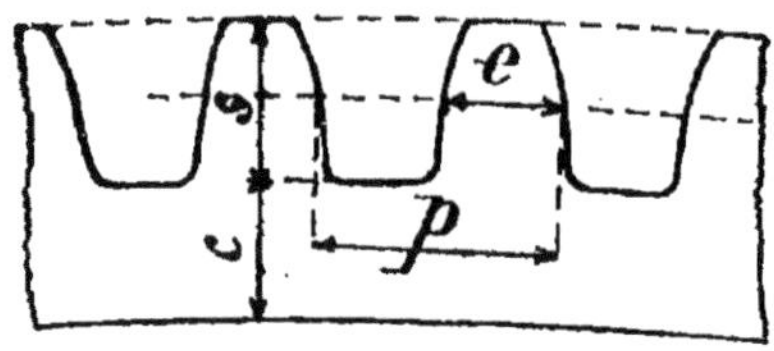

Fig. 326.

e, l'épaisseur de la dent, est donnée par la formule:

$$e = C\sqrt{P},$$

où C est un coefficient empirique variant avec l'effort à transmettre et la résistance des matériaux;

p est le pas, qui tient compte du jeu nécessaire:

$$p = 2{,}035\ e,$$

dans les roues taillées avec soin;

$$p = 2{,}100 \text{ à } 2{,}15\ e,$$

dans les roues brutes;

c est l'épaisseur, dans la direction du rayon, de la couronne sur laquelle s'encastrent les dents, à partir du fond des creux; la saillie des dents est, pratiquement :

$$s = 1{,}5\ e.$$

Pression en kilogr.	Épaisseur en millimètres, *s*.	Pas en millimètres, *p*.		Couronne en millimètres, *c*.	Saillie en millimètres, *e*.
		Taillée.	Brute.		
10	3 5	7 2	7.4	3.5	5.3
25	5.0	10 2	10.5	5.0	7 5
50	7.5	15.3	15 8	7.5	11.3
75	9.0	18 3	18.9	9 0	13 5
100	10 5	21 4	22.0	10 5	16.0
150	13 0	26 5	27.3	13.0	19 5
200	15.0	30 5	31 5	15.0	22 5
300	18 0	36.6	37.8	18 0	27.0
500	23.5	47.8	49.4	23 5	35.3
750	29.0	59.0	60 9	29.0	43 5
1.000	31.5	64.1	66 2	31 5	47.3
1.250	35.0	71.2	73.5	35 0	52.5
1.500	37 0	75.3	77.7	37.0	55 5
2 000	40.0	81.4	84.0	40.0	60.0
2 500	45.0	91 6	94 5	45 0	67.5
3.000	47.0	95 6	98.7	47.0	70.5
3.500	50 0	101.8	105.0	50.0	75.0
4.000	51.4	103.8	107 0	51.0	76.5
4.500	55.0	112.0	115.5	55 0	82.5
5 000	57.0	116.0	120 0	57.0	85 5

Dents gardées. — On donne un surcroît sensible de résistance aux dents en fonte, lorsque c'est nécessaire, en fondant avec la roue 2 joues latérales en fonte ; on arrête ces joues, avec un léger jeu, aux cercles primitifs ; il va sans dire que ce procédé est plutôt applicable aux dents non taillées, à cause des angles rentrants où il est difficile d'introduire l'outil.

Engrenages à dents en bois. — On nomme *alluchons* des roues en fonte munies de dents en bois ; elles ont l'avantage de mieux résister aux chocs que les roues ordinaires et sont principalement employées dans les transmissions d'une certaine importance ou lorsque les mouvements sont intermittents.

Les dimensions de la jante se déterminent en tenant compte de ce qu'elles sont percées de trous ou cabinets destinés à loger les dents qui, entrées à force, sont retenues à l'intérieur par des goupilles en fer ou des coins en bois. Les dents sont en bois dur, cormier, charme, buis, etc. (nous nous sommes suffisamment expliqué à ce propos dans le second volume *Machines-Outils*) ; toutefois, comme elles offrent moins de résistance que les dents en fonte, on les fait plus épaisses que celles-ci ; on peut prendre :

$$e' = 1,30\ e.$$

Les faces de chaque dent sont des arcs de cercle dont les centres se trouvent au milieu des creux ; ce tracé approximatif n'est guère bon que pour représenter les dents sur un dessin à petite échelle ; il est néanmoins employé dans certains ateliers pour remplacer l'épicycloïde.

La seule particularité des roues à alluchons consiste dans la forme des dents et dans leur assemblage ; la fig. 1, pl. V, est une coupe transversale de la roue faite suivant ABCD de manière à présenter deux dents assemblées dans la jante ; la fig. 2, pl. V, donne le demi-plan de la roue montrant en MNOP diverses coupes de la couronne et les assemblages des dents.

Les dents M ont, de chaque côté, une petite portée encastrée dans la couronne ; cette disposition a l'avantage de permettre de faire les dents un peu plus fortes qu'elles ne doivent être après la taille ; ce surcroît d'épaisseur sert à racheter, lors de la division des dents, les différences qui proviendraient de l'imperfection du moulage des cabinets.

La partie de la dent encastrée dans la couronne est terminée par deux plans se dirigeant vers le centre ; les deux autres faces M' dans le sens de l'épaisseur de la dent sont également inclinées.

ENGRENAGES CYLINDRIQUES
Coupe suivant ABCD d'une roue à alluchons
Plan de la roue à alluchons
Jante avec nervure
Fig. 4
Dent tombant sur l'axe d'un bras
Fig. 5
Coupe suivant GH
Coupe suivant IJ
Coupe suivant QR
Coupe suivant KL
Fig. 11
Développement des arcs formant la Couronne
Boite à noyau
Fig. 14
Fig. 15
Fig. 16
Détail des bras. Fig. 9
Coupe suivant MOP
Fig. 10
Dents en fonte
Dents en bois

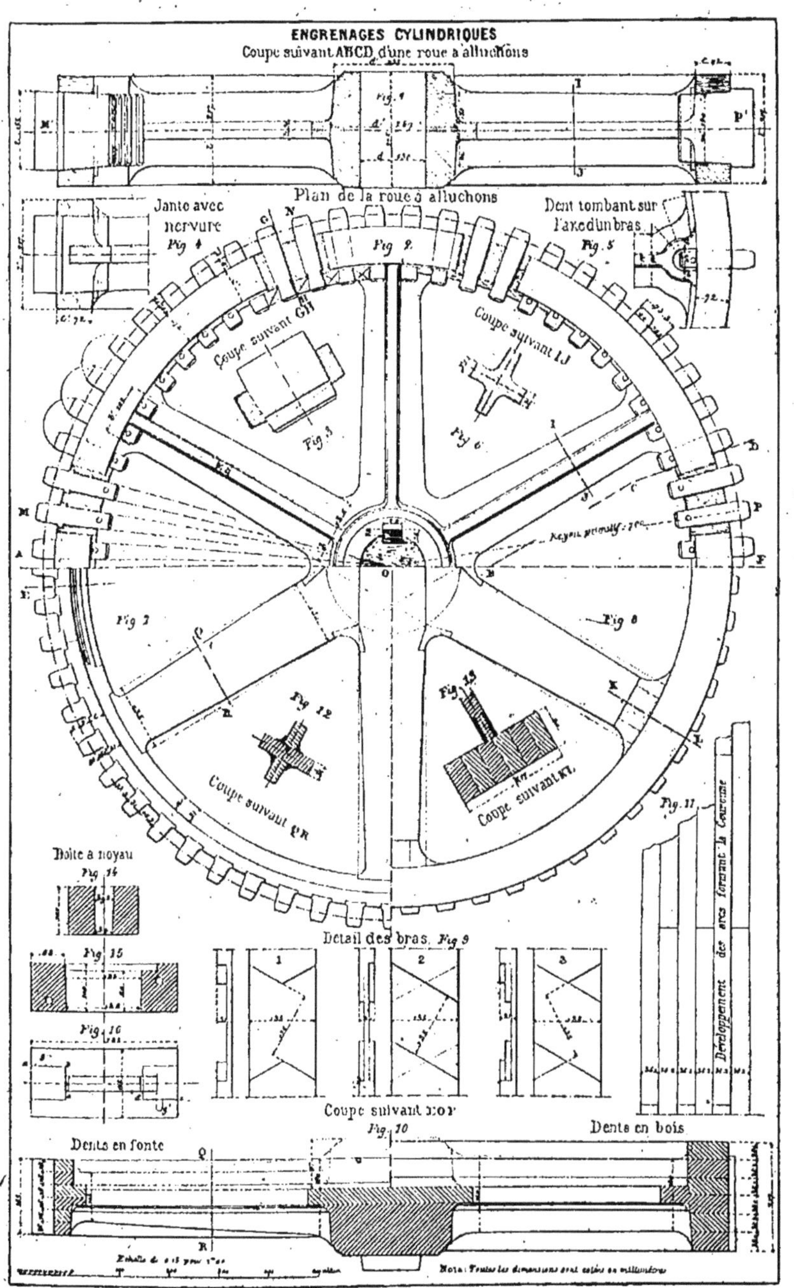

Planche V

Ces dents sont maintenues à l'intérieur de la couronne par des goupilles en fer de 8 à 10 millimètres de diamètre. Les dents P (fig. 2, pl. V) sont simplement établies en joignant, au centre, les points de division de la circonférence primitive ; elles n'ont donc, dans le sens de leur largeur, ni portées ni épaulements ; mais P' (fig. 1, pl. V) montre qu'il y a un épaulement dans le sens de l'épaisseur de la dent ; elle est fixée, comme la précédente, à l'aide d'une goupille en fer. Les coupes N et O (fig. 2, pl. V) et la coupe en travers (fig. 3, pl. V) font voir que ces dents n'ont ni portées ni épaulements dans aucun sens ; elles sont préparées pour être enfoncées à force ; la goupille est remplacée ici par des coins en bois de diverses grandeurs qui s'emmanchent dans l'extrémité des dents préparées, à cet effet, à queue d'hironde.

Les dents qui se trouvent au droit des bras sont fendues en leur milieu et fixées à l'aide de 2 goupilles ; de même (fig. 4, pl. V) lorsqu'elles ont une certaine largeur (0^m20 environ), on partage les cabinets par une nervure sur laquelle la dent vient se placer ; on goupille des deux côtés.

Dans les roues à alluchons, on doit prendre, autant que possible, le nombre de dents divisible par le nombre de bras, de manière que l'on n'ait pas de dents en face des nervures des bras ; cependant, dans le cas d'une impossibilité complète et si l'on devait avoir une dent juste en face des nervures (fig. 5, pl. V), on diviserait celles-ci en deux parties qui se raccorderaient de chaque côté avec la couronne par des arcs de cercle.

Dimensions des roues à dents en bois.

Pression en kilogrammes.	Épaisseur. $e = 1.30\ e'$.	Pas.	Couronne.	Saillie des dents.
10	4.6	8 2	17	5 3
25	6 5	11.7	20	7 5
50	9 7	17.5	25	11.3
75	11.7	21.0	28	13.5
100	13 6	24 6	31	16 0
150	16.9	30.4	36	19.5
200	19.5	35.0	40	22 5
300	23.4	42 0	46	27.0
500	30 6	54 9	57	35 3
750	36.7	67 7	68	43.5
1.000	41.0	73 6	73	47.3
1.250	45 5	81 7	80	52.5
1.500	48 0	86.4	84	55.5
2.000	52 0	93.4	90	60.0
2 500	58.5	105.1	100	67 5
3 000	61 0	109.7	104	70.5
3 500	65 0	116.7	110	75 0
4.000	66.0	119.0	112	76.5
5 000	74.0	133.0	124	85 5

Équipages de roues dentées. — On n'emploie guère, en mécanique, de roues ayant moins de 10 dents et plus de 150; le rapport ou *raison* d'une paire de roues engrenant ensemble ne peut, par conséquent, varier qu'entre des limites assez restreintes et, pour la commande des arbres, on est très souvent obligé d'employer des roues intermédiaires formant des *équipages*.

On commence par examiner quel sens de rotation doivent posséder les axes et le problème consiste à faire correspondre, à une rotation ω autour de X, une rotation ω' autour de Y (fig. 327), on prendra alors des axes X_1, X_2, ... ; si A, B, C, ..., a, b, c, ... représentent le nombre des dents des roues ;

$$\left.\begin{aligned}\frac{\omega_1}{\omega} &= \frac{A}{a} \\ \frac{\omega_2}{\omega_1} &= \frac{B}{b} \\ &\dots\dots\end{aligned}\right\} \frac{\omega'}{\omega} = \frac{A \times B \times C \times D}{a \times b \times c \times d} \dots\dots$$

Cela signifie qu'on fait le produit du nombre de dents des roues et celui du nombre de dents des pignons et qu'on

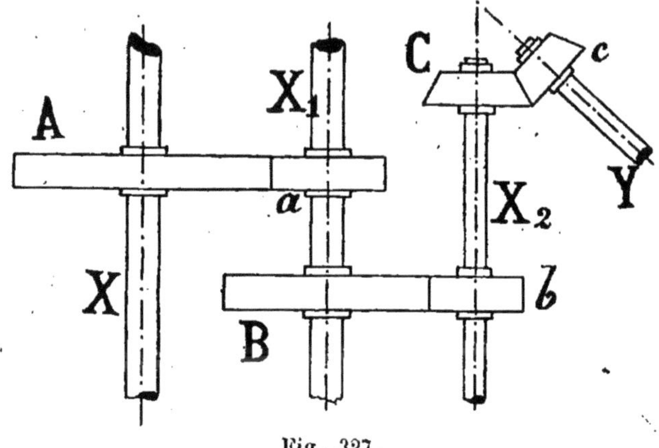

Fig. 327.

divise ces produits l'un par l'autre ; on peut, d'ailleurs, pour mieux s'en rendre compte, d'un simple coup d'œil, dresser le tableau suivant qui figure bien le système :

$$\begin{array}{llll} A - a & & & \\ & B - b & & \\ & & C - c & \\ & & & D - d, \end{array}$$

$$K = \frac{A \times B \times C \times D}{a \times b \times c \times d}.$$

Si, sur un arbre intermédiaire, les roues sont de même

diamètre, on les appelle parasites, parce qu'elles n'apparaissent pas dans la raison de l'engrenage ; elles modifient seulement le sens de la rotation.

Prenons, par exemple, sans autre intention pour le moment que de bien exposer les calculs simples des relais dans les machines, le cas d'une transmission devant en faire tourner une autre en sens inverse ; on désire, évidemment, employer le moins d'arbres possible et on suppose n'avoir sous la main que des roues et des pignons de 120 dents au plus et de 16 au moins ; la raison à obtenir est $K = 300$.

Puisque la rotation doit se faire en sens inverse, un nombre pair d'arbres doit être choisi ; car, avec 2 axes, nous aurions comme maximum :

$$K = \frac{120}{16} = 7{,}5.$$

Il faut donc chercher la solution avec 4 arbres et, d'abord, voyons si l'un d'eux pourrait être parasite, car cela résoudrait le problème dans le cas de rotations de même sens, par suppression de cet axe inutile ; nous faisons :

$$\begin{array}{lll} 120 - 16 & & \\ & 120 - 16 & \\ & & 120 - 16, \end{array}$$

soit :

$$\frac{120^3}{16^3} = 420 \text{ environ.}$$

Cette raison est beaucoup trop grande; mais elle indique immédiatement que 3 arbres seraient, à la rigueur, suffisants.

Tâtonnons par conséquent avec :

120 — 20
100 — 35
60 — 60
28 — 16,

$$\frac{120 \times 100 \times 28}{20 \times 35 \times 16} = 30.$$

Il est presque inutile de faire remarquer que, de ces 7 quantités, on peut choisir 6 arbitrairement pour en déduire la dernière.

Ce problème, en somme indéterminé, n'est cependant pas laissé à l'entière disposition des mécaniciens ; pour faciliter les tâtonnements, il est soumis à quelques règles générales.

Il faut, d'abord, chercher à réduire le nombre des intermédiaires ; il faut, ensuite, faire que $\frac{A}{a}\ \frac{B}{b}$ ... ne soient pas trop différents ; dans ce cas, on obtient à la limite :

$$\frac{A \times A}{a \times a} = K = \frac{A^2}{a^2},$$

d'où :

$$K = \sqrt{\frac{A}{a}};$$

si :

$$\frac{A}{a} = 8, \text{ pour } K = 56,$$

il viendra :

$$\frac{B}{b} = \frac{56}{8} = 7,$$

et l'engrenage sera réalisé.

Mais il n'en est pas toujours ainsi ; on peut obtenir pour $\frac{B}{b}$ un nombre qui ne soit pas entier, comme pour :

$$K = 50 = \left(\frac{A}{a}\right)^2,$$

$$\sqrt{50} = 7 + \text{fraction.}$$

Choisissons alors $\frac{A}{a} = 8$;

$$\frac{B}{b} = \frac{50}{8} = 6 + \text{fraction};$$

mais, comme on peut multiplier haut et bas par un même nombre :

96 — 12
100 — 16,

$$K = \frac{96 \times 100}{12 \times 16} = 50.$$

En général, c'est K qui est inconnu ; on prend d'abord toutes les roues égales, en s'imposant des limites pour les nombres de dents ; il est évident que, pour obtenir le plus petit nombre d'axes, on choisira chaque rapport aussi grand qu'on pourra et, que, dans la formule

$$K = \left(\frac{N}{n}\right)^x$$

(très simple en pratique malgré son apparence savante), on déterminera x par des essais successifs, d'autant plus que x ne donne que l'indication du nombre d'axes nécessaires ; si l'on ne trouve pas pour x un nombre entier, il suffit d'arrondir le chiffre trouvé.

Afin de bien familiariser le mécanicien ou l'outilleur avec

ces procédés de calculs élémentaires, nous donnons le détail des petites opérations à effectuer pour transformer, en un mouvement plus rapide, la rotation d'une transmission animée d'une vitesse de 50 tours à la minute ; on désire au moins 1,800 tours sur un arbre extrême ; le rapport général :

$$K = \frac{1.800}{50} = 36.$$

On n'a à sa disposition que des roues de 25 à 65 dents, de sorte que le plus grand rapport :

$$\frac{N}{n} = \frac{65}{25} = 2,6.$$

Le nombre d'arbre x s'obtient de la formule :

$$36 = (2,6)^x.$$

Faisons les puissances successives de 2,6 et nous avons :

$$2,6 - (\overline{2,6}^2 = 6,76) - (\overline{2,6}^3 = 15,576) - (\overline{2,6}^4 = 45,70).$$

Dans notre exemple de la recherche du nombre des axes, il y aurait, par conséquent, 4 arbres où monter les renvois et, si l'on ne changeait les nombres des dents, on pourrait obtenir jusqu'à $457 \times 50 = 2285$ tours sur le dernier arbre.

Mais, en considération des risques de rupture sur les dents, on cherche plutôt à réduire leur nombre total au strict minimum ; de là la règle dénommée *règle de Young*, où l'on suppose toutes les roues égales et les pignons égaux. On se donne, par les nombres les plus extrêmes que l'on ne veut pas dépasser, le rapport $\frac{N}{n}$; le nombre total des dents sera, pour le nombre x d'arbres que l'on recherche :

$$Nx + nx,$$

et x doit satisfaire à une formule logarithmique, que nous donnons simplement pour ceux qui sont familiarisés avec ce genre de calculs :

$$1 + K^{\frac{1}{x}}\left(1 - \frac{1}{x} L K\right) = 0.$$

La somme de toutes les dents est minimum lorsque le rapport du nombre des dents des roues à celui des pignons est égal à 9,2 environ.

Largeur des dents. — On a vu, pages 6 et 38, que l'épaisseur des dents se déterminait de façon à satisfaire aux lois de la résistance des matériaux ; c'est, qu'en effet, la dent est théoriquement considérée comme étant encastrée sur la couronne selon un rectangle ayant pour côtés cette épaisseur d'une part et la largeur de l'autre.

En raison de certaines difficultés dans l'approximation des efforts transmis, particulièrement le graissage ou plutôt l'état des surfaces en contact, on a l'habitude de se contenter d'achever la construction d'une roue selon des règles empiriques qu'il est toutefois prudent de vérifier ensuite par le calcul.

C'est ainsi que l'on est amené à prendre, pour l :

$$l = me$$

m étant un coefficient que quelques constructeurs font varier avec la pression et d'autres, avec la vitesse ; mais nous croyons qu'on doit tenir compte, simultanément, de ces deux éléments dans la détermination de la largeur des dents que nous conseillons de construire ainsi qu'il suit :

Pression.		*Vitesse.*	
Moins de 2.000 kil.	$l = 4e$	Moins de 1 m. 50. .	$l = 4e$
2.000 à 5.000. . . .	$l = 5e$	1 m. 50 à 2 m. 00. .	$l = 5e$
5.000 à 10.000 . . .	$l = 6e$	2 m. 00 à 4 m. 00. .	$l = 6e$
Plus de 10.000. . .	$l = 7e$	Plus de 4 m. 00. . .	$l = 7e$

On calculera la largeur des dents d'après la pression et la vitesse et l'on adoptera la plus grande dimension trouvée.

Couronne. — Les dimensions en sont assez difficiles à déterminer au point de vue théorique ; car, dans la plupart des cas, les forces naissant du fait du mouvement exercent des actions peu importantes sur les dimensions et celles-ci ne sont déterminées que par des considérations de construction.

La formule généralement admise, quand elles sont venues de fonte, est :

$$e = b.$$

On la renforce par une nervure qui a les proportions de la dent.

Bras. — Le nombre de bras ne doit pas être pris au hasard ; il ne dépend pas seulement du diamètre de la roue mais encore des proportions de la couronne qui a besoin d'être d'autant plus soutenue, pour le coulage et pour son service, qu'elle est plus légère. Quoique ce nombre n'ait pas été jusqu'ici déterminé rigoureusement, on a reconnu par l'expérience que, pour des roues dont le pas est moindre de 20 à 25 millimètres, il convient de mettre 6 bras jusqu'à 2 m. 50 de diamètre ; pour celles d'un pas plus fort, le nombre des bras paraît ainsi déterminé par l'usage :

Pour les roues :

jusqu'à 1 m. 00 de diamètre	4 bras
de 1 m. 00 à 2 m. 50	5 —
de 2 m. 50 à 4 m. 00	6 —
de 4 m. 00 à 6 m. 00	10 —

Au delà de 6 m. 00, ne pas dépasser 2 mètres d'écartement entre chaque bras.

On peut déterminer leurs dimensions par les formules suivantes :

Près du moyeu, la largeur $c = 3.5\,e + \frac{D}{50}$;

Près de la couronne $c' = c - \frac{1}{15}$ L (long. du bras);

L'épaisseur du bras $h = e$.

Malgré la difficulté de fonderie, les bras de forme parabolique sont assez usités ; ils offrent plus d'élasticité que les bras droits à nervures ou à section ovale.

Moyeu. — La longueur du moyeu, c'est-à-dire sa portée sur l'arbre, sera proportionnée à la largeur de la couronne et au diamètre de la roue :

$$m = l + 0.05\,R,$$

l étant la largeur de la jante.

Quant à son diamètre, on le prend dans le rapport du diamètre T de l'arbre sur lequel la roue est montée :

$$d = 2 \times T.$$

Clavette. — Elle doit toujours être placée au droit de l'un des bras, afin de pouvoir opérer un fort serrage sans

Fig. 328.

craindre la rupture du moyeu ; quelquefois on en emploie deux, placées d'équerre, autant que possible.

Dans la figure 328:

$$g = 0.5\ d + m + 10 \text{ millimèt.}$$
$$f = 0.25\ d + 5 \text{ millimètres.}$$
$$i = \frac{2}{3} f$$

t (saillie hors de la rainure) $= 0.05\ d + 2$ millimètres.

On doit supprimer la tête toutes les fois que les circonstances le permettront; en tout cas, il est bon de la protéger.

Engrenages transmettant un effort très faible. — Les règles empiriques que nous venons de citer ne sont appliquées que lorsque les arbres doivent subir l'action de forces appréciables; tel est le cas des engrenages primaires des machines motrices et des machines-outils; mais, dans un très grand nombre de renvois comme, par exemple, pour les trous à fileter, le mouvement est très lent, l'effort peu considérable pour le va-et-vient de l'outil et, dès lors, il ne s'agit plus de garder les proportions générales indiquées ci-dessus.

Les *harnais* d'engrenages comprennent des séries de roues plus ou moins légères, à bras généralement plats; la principale condition qu'elles remplissent est d'avoir un pas commun, afin d'être interchangeables; elles sont extrêmement minces, proportionnellement aux roues de fatigue, et sont, en résumé, agencées pour être montées promptement sur les axes qu'elles doivent entraîner ou sur lesquels elles sont folles (tête de cheval, *Machines-Outils*).

Il en est de même des engrenages spéciaux (horlogerie) où intervient seulement le nombre des dents, et dont nous allons donner deux applications intéressantes (fig. 329 et 330).

La roue B est fixe; sur le même axe sont montés un

châssis C et une roue intérieure A; sur le châssis C, engrénant avec B et A, est montée une 3e roue D. Supposons qu'on fasse tourner le châssis C dans le sens de la flèche : les dents de C vont faire levier sur les dents fixes de B et actionner les dents de A dans le même sens que C, de façon à provoquer une rotation différentielle; dans le cas où A et D auraient le même nombre de dents, pour 1 tour de C, on obtiendrait 4 tours de A.

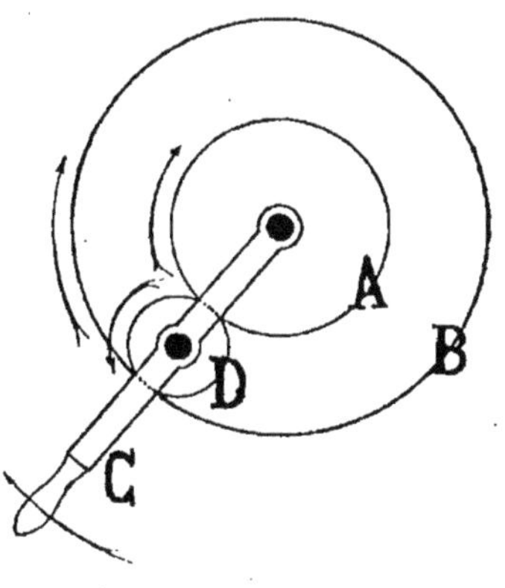

Fig. 329.

Dans la seconde disposition (fig. 330), A est fixe et engrène avec B qui, lui-même, communique le mouvement à 3 roues C, D, E, indépendantes l'une de l'autre; l'une des roues tourne dans un sens; l'autre paraît fixe et la 3e tourne en sens inverse de la 1re, ce que l'on réalise en donnant, à

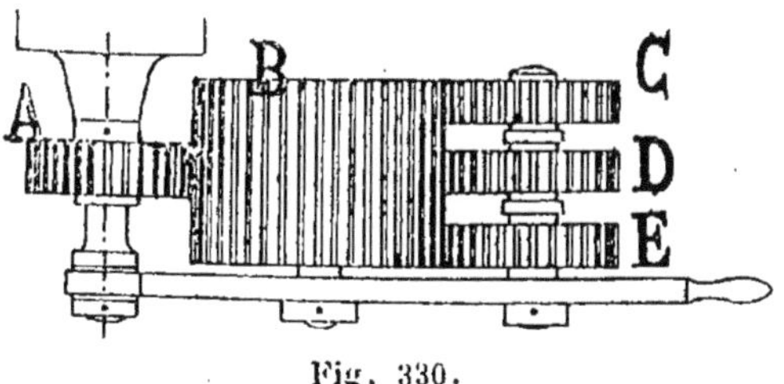

Fig. 330.

D, le même nombre de dents qu'à A; à C, une dent de plus que A et, à E, une dent de moins que A. D semble immobile et on remarque, en outre, que le résultat est indépendant du nombre des dents de B.

Engrenages à vitesses variables. — Nous ne nous occuperons que peu d'une classe d'engrenages où le rapport des vitesses est variable ; ils donnent lieu à l'application de formules et de courbes de contact que le lecteur suivrait difficilement; elles n'ont d'ailleurs qu'un intérêt pratique restreint.

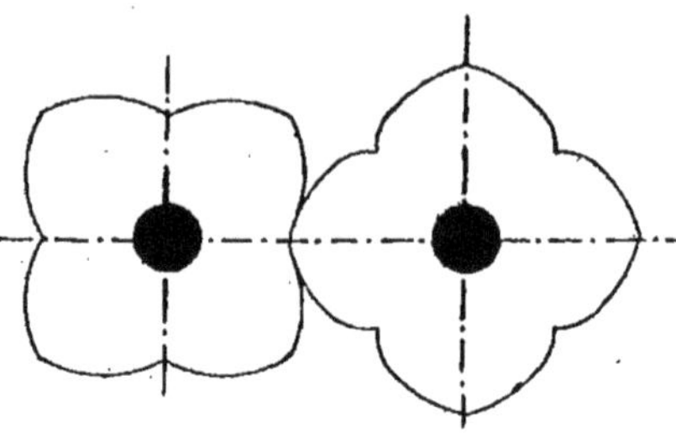
Fig. 331.

De ce nombre sont les courbes roulantes en spirale (fig. 331), montées sur les côtés de carrés dont les centres ont un écartement fixe, et les ellipses conjuguées qui se touchent par les extrémités de leurs grands axes en tournant autour d'un de leurs foyers choisis du même côté du petit axe.

Roues elliptiques. — Comme elles sont, cependant,

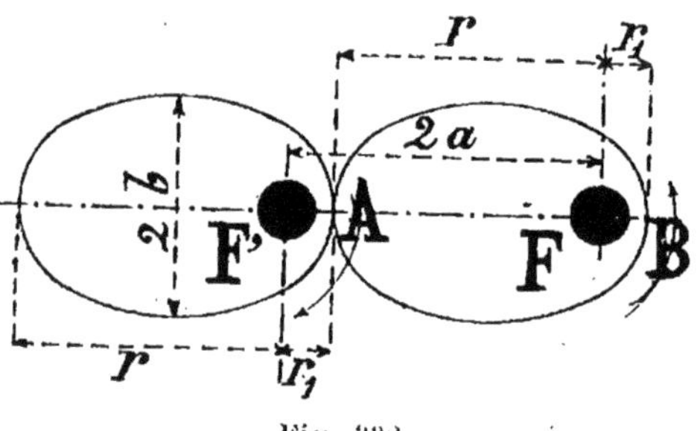

Fig. 332.

utilisées pour obtenir un mouvement rapide de retour des outils, dans les machines à raboter principalement, voici comment on procède à leur tracé : leurs dents ont leur axe moyen normal à l'ellipse et sont analogues aux dents des engrenages cylindriques, les ellipses remplaçant les cercles primitifs (fig. 332).

On se donne le rapport des vitesses en A et en B; soit K_1 en A et K_2 en B, ainsi que la distance $2a$ qui sépare les arbres, laquelle, d'après les propriétés de l'ellipse, est égale au grand axe; soit $\frac{K_1}{K_2} = J$; le demi petit axe avec b se déterminera par la formule :

$$b = \frac{a\sqrt[4]{J}}{\sqrt{J} + 1}$$

suffisamment simple en pratique, car on sait que l'on extrait la racine quatrième par 2 opérations successives de racines carrées ; par exemple si l'opération du retour doit être 5.47 fois celle du travail, $\sqrt{5.47} = 2{,}34$; $\sqrt{2{,}34} = 1.53$ et pour :

$$2\,a = 0 \text{ m. } 50,$$

$$2\,b = \frac{0.50 \times 1.53}{2.34 + 1} = 0 \text{ m. } 299.$$

DEUXIÈME PARTIE

TRANSMISSIONS

Dans l'étude que nous allons faire, au profit des lecteurs de cette partie de la mécanique pratique, nous adopterons deux classes de transmissions : les TRANSMISSIONS FIXES, destinées à répartir la force et le mouvement produits par le *moteur*, quel qu'il soit, entre une série d'engins appelés *récepteurs* installés à demeure, et les TRANSMISSIONS MOBILES qui comprendront, pour fixer de suite les idées sur notre intention, les renvois de fortune et les appareils de manœuvre des fardeaux.

Une semblable division n'a rien de doctrinaire ; elle nous permet simplement d'admettre en ce chapitre des appareils très usités qui trouveraient difficilement place en tout autre endroit de notre *Encyclopédie*.

Ainsi qu'on le verra dans le courant de notre examen, les organes de transmission affectent, dans la majorité des cas, une étonnante simplicité lorsque l'on a présents à l'esprit les principes élémentaires que nous avons énoncés au commencement de notre travail (*Mécanique générale*) et nous ne saurions, en définitive, trop recommander de s'inspirer de cette première partie, chaque fois que l'occasion s'en présentera. C'est surtout avec les notions de vitesses que l'on devra se familiariser.

CHAPITRE PREMIER

1° TRANSMISSIONS FIXES

Elles reçoivent un mouvement de rotation continu du moteur, par l'intermédiaire de brins conducteurs, dont nous nous rendrons compte tout d'abord, et le transmettent à toutes les machines ou engins d'un atelier.

Les principales matières que l'on emploie pour confectionner les brins flexibles qui s'enroulent sur un arc plus ou moins grand des poulies motrices et réceptrices sont, par ordre alphabétique :

Acier (câbles et chaînes),
Boyaux,
Caoutchouc (courroies),
Cuir (courroies).
Fer (câbles et chaînes),
Fonte (engrenage),
Poils de chameau,
Produits textiles (cordes) : chanvre, coton et analogues.

Boyaux. — Ils ne sont guère employés que pour de petites machines-outils et, par conséquent, pour la transmission de forces assez minimes ; ce n'est que pour mémoire qu'ils sont cités ici ; on les fabrique en diamètres variant de 1 millim. 5 à 10 millimètres.

Caoutchouc. — Dans ce genre de courroies, il va sans dire que le caoutchouc n'apporte aucune résistance, puisqu'il est essentiellement flexible et élastique.

Elles sont composées, en principe, de plusieurs doubles de toiles de coton qui, seuls, offrent la résistance ; l'autre matière est un liant, mais un protecteur aussi ; les combinaisons du caoutchouc sont nombreuses et il est peu de matière que l'on puisse autant frelater.

On sait que ce que l'on appelle caoutchouc vulcanisé est une pâte malaxée avec de la fleur de soufre à température douce ; on en enduit la toile ; on replie le tout (fig. 333),

Fig. 333.

selon les nécessités et on comprime ensuite entre des rouleaux ou des plateaux chauffés légèrement ; c'est à ce moment que se fait la combinaison de soufre et de caoutchouc ; celui-ci devient plus ou moins dur, tout en conservant une flexibilité indispensable.

Les bonnes courroies en caoutchouc doivent posséder une structure uniforme ; elles résistent alors très bien aux influences extérieures, s'allongent peu, sont tenaces, quoique souples, et adhèrent convenablement aux poulies ; elles peuvent fonctionner : dans l'eau ; dans les vapeurs d'eau chaude sans se ramollir sensiblement ; dans les liquides acides ou alcalins comme, par exemple, dans les sucreries et raffineries, papeteries, filatures et mines, teintureries, etc.

La résistance à la rupture croît, bien entendu, avec le nombre des plis de toile ; c'est ainsi qu'une courroie de

0 m. 50 de large et 4 plis interposés peut supporter une charge de 2.400 kilogrammes; les constructeurs donnent d'ailleurs ces renseignements d'expérience.

Leur longueur est illimitée et il est possible de les fabriquer *sans fin,* sans soudure rapportée après coup ni surépaisseur, et leur emploi doit être alors spécialement recommandé dans les dynamos, dans les pompes et ventilateurs centrifuges, scies circulaires, raboteuses et outils à bois, etc., où une très grande vitesse est indispensable en même temps qu'il y faut éviter tout à-coup dans la transmission de l'énergie motrice.

Si la courroie n'est pas continue, le mode de jonction à pied d'œuvre consiste à rapprocher les deux extrémités de la courroie ouverte; puis à superposer un morceau de la même courroie que l'on fixe, de préférence, avec des lanières ou encore avec des boutons.

Les courroies de caoutchouc résistent mieux, il est vrai, que celles en cuir, à l'humidité; cependant il est bon de ne pas les exposer à la chaleur et de *ne pas les mettre en contact avec les huiles*, qui dissolvent le caoutchouc.

Quand la courroie doit être croisée, on a soin de réserver une double de toile extérieur.

Cuir. — C'est surtout de la peau des bœufs que l'on tire le cuir industriel; on le prépare par une série de manipulations; on les tanne pour les rendre imputrescibles et amorphes et on les corroie ensuite pour leur donner de la souplesse et de la régularité.

Toutes les parties de la peau ne sont pas également bonnes pour servir de courroies; l'extérieur de la peau est plus solide que le côté chair; on ne prend que le dos ou *croupon;* sur cette surface elle-même, il faut débiter le cuir symétriquement à l'épine dorsale afin que, les allongements étant à peu près semblables, la courroie conserve sa rectitude.

Autant que possible (*Buchetti*) il est préférable de faire la courroie simple, d'une seule épaisseur de cuir : elle s'applique mieux sur les poulies.

Pour former la longueur de la courroie, les bandes de croupons sont réunies les unes aux autres soit par la couture au moyen de lanières, en cuir de vache parcheminé ou de cuir hongroyé, de fil ciré ou de fil de laiton ; soit par la rivure; soit, enfin, au moyen de la colle de poisson dissoute dans l'alcool, additionnée d'un peu de gutta-percha pour la rendre plus souple; les deux bouts à réunir sont coupés en biseau, collés et mis sous presse.

On fait la courroie à talons (fig. 334) ou double (fig. 335),

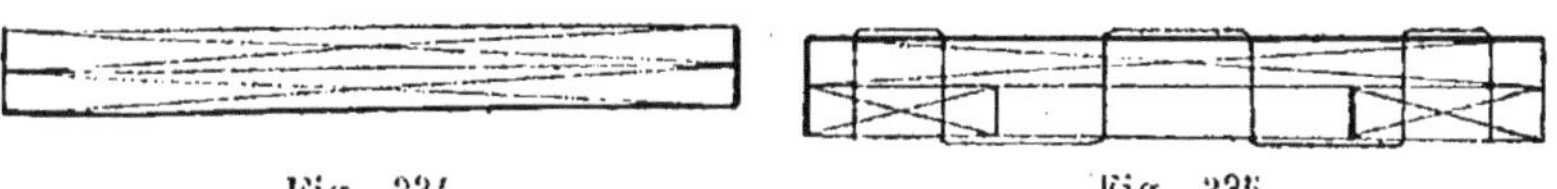

Fig. 334. Fig. 335.

collée ou cousue, ou mieux la courroie multiple formée de bandes collées sur une toile médiane (fig. 336). Enfin, pour

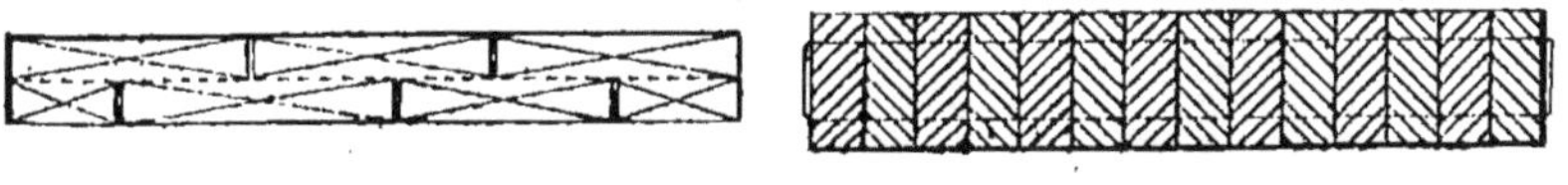

Fig. 336. Fig. 337.

de très grandes puissances, on fait la courroie homogène (fig. 337), formée de bandes jointes les unes aux autres, puis juxtaposées, et reliées transversalement par un cordeau, les joints étant étagés suivant des lignes appropriées.

Les courroies, avant d'être employées, sont soumises à un effort d'extension déterminé, entre deux poulies en mouvement (fig. 338) placées verticalement, inclinées ou horizontales selon la longueur à éprouver.

Pour réunir sur place les deux extrémités d'une courroie, on liaisonne par une couture au cuir de Hongrie et, à cet

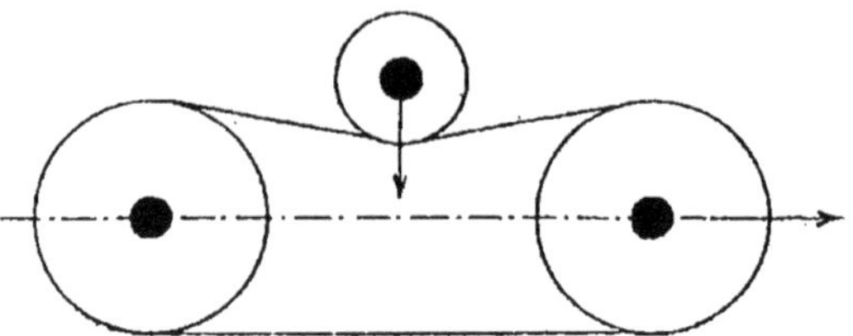

Fig. 338.

effet, les trous sont percés ronds à l'emporte-pièce dans les deux bouts superposés.

On emploie aussi divers systèmes de boulons (fig. 339) ou d'agrafes (fig. 339 *bis*); les boulons servent surtout avec les courroies épaisses et de grandes dimensions; la forme

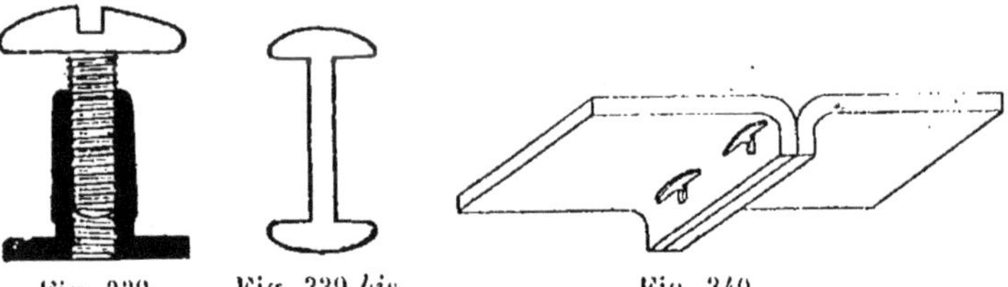

Fig. 339. Fig. 339 *bis*. Fig. 340.

et le mode d'emploi des agrafes en laiton pour les petites courroies sont donnés par la fig. 340; les deux extrémités de la courroie, étant coupées bien d'équerre, sont superposées et percées ensemble au moyen d'une pince spéciale; les attaches passées dans les fentes ainsi pratiquées, puis retournées de 90 degrés, présentent alors leurs têtes perpendiculaires aux fentes et retiennent ainsi les deux bouts de courroie dont les bords restent relevés et appliqués l'un contre l'autre quand on étend la courroie.

Nous verrons dans la suite que ce procédé est peu recommandable au point de vue des mesures générales de sécurité à observer dans les ateliers.

Les autres systèmes de liaisonnement sont les attaches à broche Lagrelle (fig. 341);

Loison (fig. 342);

Michelin (fig. 343);

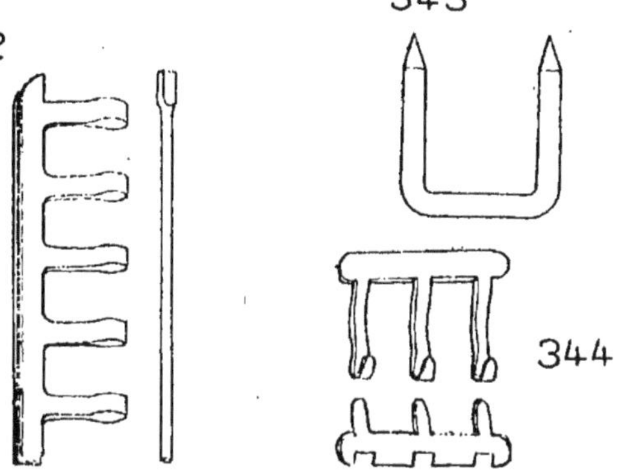

Boudard (fig. 344);

Harris (fig. 345);

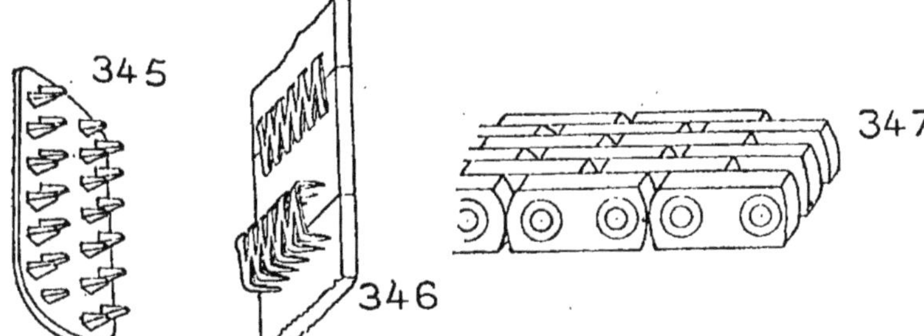

flexibles en acier (fig. 346);

à maillons rivés (fig. 347).

Ces dernières sont confectionnées avec des déchets de cuir; elles ne présentent aucune saillie et se prêtent donc bien à l'emploi de galets tendeurs; leur homogénéité fait qu'elles restent droites et leur allongement est faible. Du reste, pour raccourcir une telle courroie, il suffit d'enlever un cours de mailles et de refaire une rivure; leur mise en place exige l'emploi d'un tendeur (fig. 348).

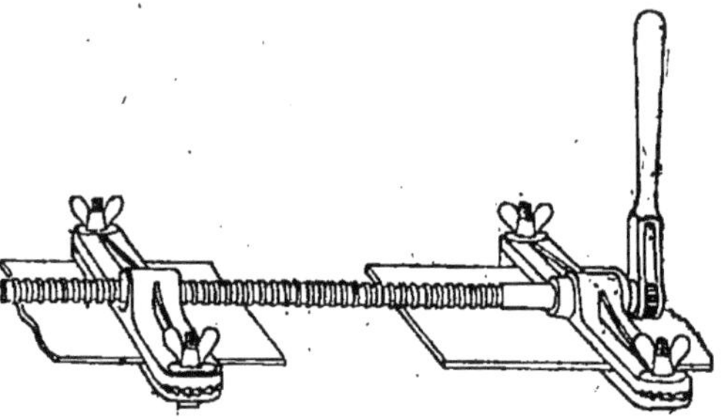

Fig. 348.

La courroie à maillons coûte d'autant moins qu'elle est plus large; c'est là sa principale raison d'être; au début, ces courroies sont droites sur la largeur; mais, bientôt, les broches se cintrent et l'adhérence est complète, surtout si les poulies embrassées ont le même diamètre.

Le tableau D, (pages 88-89) a été dressé pour éviter le calcul des courroies par des formules assez complexes; la première colonne verticale est relative au nombre de tours que fait l'arbre de commande et la première ligne horizontale exprime, en mètres, le diamètre des poulies calées sur cet arbre; les autres chiffres donnent la force que l'on peut transmettre en kilogrammètres; il est facile, en les divisant par 75, d'estimer le nombre de chevaux qu'elles sont susceptibles de supporter par chaque *centimètre de leur largeur*.

Les nombres en chiffres gras facilitent d'ailleurs les recherches pour du cuir simple. Supposant, par exemple, que la transmission fasse 120 tours par minute et que la poulie de commande ait 1 m. 25 de diamètre ; nous trouvons qu'une puissance de 59 kilogrammètres peut être transmise par un centimètre de largeur; si donc la largeur de la courroie est de 14 centimètres, la force à laquelle on peut compter la soumettre est de

$$59 \times 14 = 826 \text{ kilogrammètres} = 11 \text{ chevaux environ.}$$

Avec des courroies doubles, il est prudent de ne multiplier ces chiffres que par 1.5 à 1.80, selon la régularité des engins commandés.

Coton. — Les courroies en coton sont formées d'un tissu épais ou de toiles spéciales repliées 4, 6 ou 8 fois sur elles-mêmes et réunies par plusieurs coutures longitudinales faites à la machine; elles sont ensuite imprégnées d'huile de lin et peintes au minium pour les garantir contre l'humidité.

Ces courroies se comportent bien (*Buchetti*) ; mais il faut leur éviter des frottements sur les champs, entre les fourchettes d'embrayage ; pour mieux résister à ce frottement, on a proposé de garnir les bords de la courroie de bandes de cuir cousues et un peu saillantes ; mais c'est là une augmentation sensible de prix, d'autant plus que l'on ne doit pas compter sur la résistance de ces bandes de cuir parce que leur allongement par mètre n'est pas le même que celui du coton.

Câbles métalliques. — Leur usage est surtout avantageux et presque exclusif pour les transmissions à grande distance ou *télédynamiques ;* entre deux axes peu éloignés, l'adhérence est insuffisante en raison de ce qu'ils travaillent plutôt par leur poids.

On les fait rarement entièrement métalliques à cause du peu d'élasticité qu'ils présenteraient; on fait leur âme en chanvre, de façon à faire travailler bien régulièrement les torons extérieurs et même chaque toron a son âme en chanvre (fig. 349).

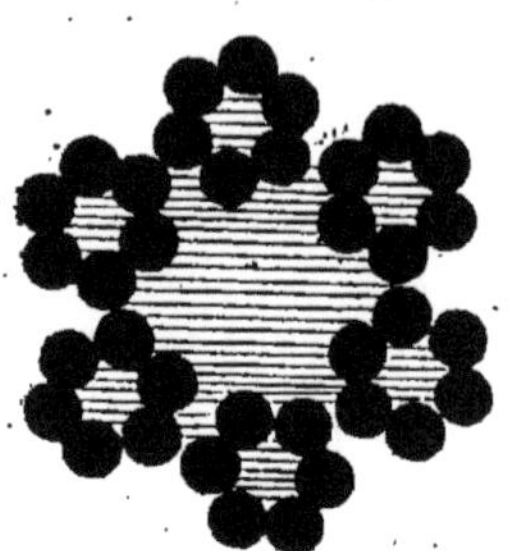

Fig. 349.

Leur application à la transmission de l'énergie à grande distance est, pour ainsi dire, illimitée; on peut aller jusqu'à 1.000 mètres et rien n'empêcherait d'atteindre même 15 kilomètres. Entre deux poulies l'intervalle varie de 25 à 120 mètres ; les couronnes de celles-ci ont une gorge trapézoïdale où l'on introduit du bois, du cuir, du caoutchouc dur, de la gutta-percha, etc. ; dans le volume *Forge et Fonderie*, il est donné un exemple de moulage d'une couronne de cette forme.

Rarement on dépasse un diamètre de 30 millimètres pour les câbles et, le plus généralement, ils sont formés par la réunion de 36 fils ; parfois aussi 48 ou 60 ; pour un même diamètre, la grosseur du fil employé varie bien entendu en raison inverse de leur quantité ; c'est ainsi que, pour un câble ayant un centimètre de diamètre, celui de 36 fils sera composé avec des éléments de 1 millim. 25 ; celui de 48 par des fils de 0 millim. 97 et celui de 60 avec du 0 millim. 78.

Pour un même nombre de fils, la grosseur de chacun augmente avec le diamètre.

Le tableau A ci-après donne la force en kilogrammètres que peuvent transmettre des câbles employant 36 fils, actionnés par des poulies ou volants tournant à diverses vitesses circonférencielles.

Selon que les câbles seront en fer ou en acier, le plus petit diamètre de ces poulies elles-mêmes ne devra pas descendre au-dessous des chiffres suivants (tableau B).

Tableau A.

Diamètre des câbles en millim.	VITESSE LINÉAIRE PAR SECONDE															Matière.
	5^m	6^m	7^m	8^m	9^m	10^m	11^m	12^m	15^m	18^m	20^m	22^m	25^m	28^m	30^m	
10	600	720	840	960	1.080	1.200	1.320	1.440	1 800	2.170	2.400	2 640	3 000	3 370	**3 630**	
12	860	1.040	1 210	1.390	1.560	1.720	1.910	2.070	2 580	3.120	**3 450**	**3 810**	4 320	4.830	5.200	
14	1.180	1.420	1.650	1.880	2.120	2.350	2.580	2.830	**3 530**	**4.230**	4.720	5 180	5 880	6.600	7 070	
16	1.540	1 840	2 150	2 460	2.770	3.070	3 340	**3.700**	4.610	5.550	6.170	6.750	**7.670**	8.600	9.200	
18	1.880	2.330	2.730	3.120	**3.520**	**3 900**	4.280	4 670	5 850	**7.000**	**7.800**	8.560	9.750	10.850	11.680	Fer.
20	2.400	2.880	3.360	**3 840**	4.320	6.910	5.300	5.800	**7.220**	**8 610**	9.600	10 600	12.000	13.450	**14.45[illegible]**	
22	2.920	**3 500**	**4.070**	4.650	5.220	5.820	6.400	**6.970**	**8.700**	10.500	11.600	12 800	**14.500**	16 200	17.500	
24	**3.470**	**4 160**	4.820	5.340	6.260	6.910	**7.600**	8.310	10.400	12.500	13.850	**15 200**	17.200	19 400	20.800	

Pour obtenir la force en kilogrammètres que peuvent transmettre les câbles en acier, il suffit de doubler les chiffres donnés ci-dessus pour les câbles en fer, à vitesses et diamètres correspondants ; c'est ainsi qu'un câble de 20 millimètres ayant une vitesse de 15^m par seconde est susceptible de transmettre une puissance de 14.440 kilogrammètres. } Acier.

Tableau B.

Nombre de fils.	DIAMÈTRE DES CABLES EN MILLIMÈTRES								Matière.
	10	12	14	16	18	20	22	24	
	Mètres.	Mètres.	Mètres.	Mètres.	Mètres.	Mètres.	Mètres.	Mètres.	
36	2.10	2.50	2.00	3.30	3.75	4.15	4.60	5.00	Fer.
48	1.60	1.95	2.25	2.60	2.90	2.25	3.55	3.90	Fer.
60	1.30	1.55	1.85	2.10	2.35	2.60	2.85	3.10	Fer.
36	1.25	1.50	1.75	2.00	2.25	2.50	2.75	3.00	Acier.
48	0.98	1.17	1.36	1.56	1.75	1.95	2.14	2.34	Acier.
60	0.78	0.94	1.10	1.25	1.40	1.56	1.72	1.88	Acier.

Les changements de direction s'obtiennent au moyen de poulies inclinées ; les vitesses admises sont de 25 à 30 mètres environ par seconde pour de grandes puissances, 8 à 12 mètres pour des forces moyennes.

La transmission par câbles métalliques plats est, aujourd'hui, presque partout appliquée aux machines d'extraction de mines; mais c'est là un sujet spécial, qui sort du cadre de ce volume.

Chaînes. — Il y a peu à dire ici sur les chaînes ordinaires et les chaînes Galle, réservées plus spécialement à la transmission intermittente du mouvement aux appareils de levage.

Poil de chameau. — On tisse des fils de crin, de chameau et autres animaux avec du fil de coton pour trame; ces courroies sont d'un bon usage avec la chaleur, l'humidité et même les produits chimiques.

Chanvre. — C'est une plante qui, de même que d'autres textiles, doit subir les opérations préalables du rouissage, lequel, par fermentation, détruit l'adhérence interne des fibres, du séchage et enfin du peignage, à la suite duquel ces matières peuvent être transformées en cordages.

On sait que le plus petit fil tordu forme un *fil de caret;* plusieurs fils de caret, réunis ensemble par torsion, donnent le *toron;* de même l'assemblage pareil des torons forme l'*aussière* et enfin, au bout de cette gamme, existe le *grelin;* les torsions ont lieu, de proche en proche, en sens inverse.

La provenance et le traitement subi par le chanvre influent sensiblement sur sa qualité et, par suite, sur sa résistance ; aussi a-t-on l'habitude d'opérer des mélanges; de là donc des difficultés pour apprécier exactement la limite des efforts à faire subir aux cordages; d'ailleurs, proportionnellement, plus ils sont gros, moins solides ils sont, parce que les fils sont de plus en plus tendus et que leur travail ne se répartit pas aussi uniformément.

Nous indiquons, dans le tableau C, des chiffres pratiques afférents aux câbles en chanvre, eu égard aux diamètres des poulies qui les reçoivent et à leur grosseur; ces données permettront de bien proportionner le câble en toutes circonstances.

Ceux qui sont employés en mécanique sont plutôt à 3 ou 4 torons; l'âme, de diamètre plus petit, se fait d'une qualité de chanvre inférieure.

Le goudronnage se pratique surtout pour les cordages de marine; on prétend qu'il diminue leur résistance, mais qu'il en augmente la durée.

On fabrique également des *cordes en aloès;* elles sont beaucoup plus légères que les précédentes et moins hygrométriques; leurs inconvénients résident dans une moindre résistance; les fibres sont moins souples et, par conséquent, les aussières moins élastiques que celles en chanvre; leur durée paraît, cependant, être plus considérable que celles-ci.

CHAPITRE DEUXIÈME

ARBRES DE TRANSMISSION

Définitions. — Il a été expliqué (*Mécanique générale*) ce que l'on doit entendre par travail d'un moteur : c'est le produit de l'effort par la vitesse ; ordinairement ce travail est indiqué en *chevaux-vapeur* et l'on dit, par exemple, d'une machine, qu'elle fait 25 chevaux, ce que l'on écrit 25^{HP} (du mot anglais *horse power*).

Nous savons, de plus, que le cheval-vapeur est l'équivalent de 75 *kilogrammètres*, et, enfin, cette expression dans son sens complet signifie que c'est la force susceptible d'élever un poids de 1 kilogramme, à 1 mètre de hauteur, en 1 seconde ; elle réunit les trois notions d'effort, d'espace et de temps.

Ainsi donc, étant connue la puissance du moteur, la courroie principale, calculée en conséquence, va la transmettre par une poulie, dont nous étudierons plus loin les éléments, à un arbre de transmission principal ; puis, de celui-ci, elle pourra se répartir à d'autres transmissions tributaires ; le problème qui est posé consiste à leur donner un diamètre en rapport avec les divers efforts auxquels ces arbres seront soumis.

Tableau C.

DIMENSIONS		NOMBRE DE TOURS PAR MINUTE																	
Diamètre des poulies à gorge.	Diamètre des câbles.	10	20	30	40	50	60	70	80	90	100	125	150	175	200	300	400	500	1000
Mètres.	Millimètres.	Chevaux	Chevaux	Chevaux	Chevaux	Chevaux	Chevaux	Chevaux	Chevaux	Chevaux	Chevaux	Chevaux	Chevaux	Chevaux	Chevaux	Chevaux	Chevaux	Chevaux	Chevaux
0.50	35	0.24	0.49	0.73	0.98	1.22	1.47	1.71	1.96	2.20	2.45	3.05	3.67	4.28	4.90	7.35	9.80	12.25	24.50
0.60	35	0.29	0.59	0.88	1.18	1.47	1.76	2.06	2.35	2.65	2.94	3.68	4.41	5.15	5.88	8.82	11.75	14.10	29.40
0.70	35	0.34	0.69	1.03	1.37	1.71	2.06	2.40	2.74	3.90	3.43	4.29	5.14	6.00	6.86	10.29	13.72	17.15	
	40	0.45	0.90	1.34	1.79	2.24	2.69	3.13	3.58	4.03	4.48	5.70	6.72	7.84	8.96	13.44	17.92	22.40	
0.80	35	0.39	0.78	1.18	1.57	1.96	2.35	2.74	3.14	3.53	3.92	4.90	5.88	6.86	7.94	11.76	15.68	19.60	
	40	0.51	1.02	1.54	2.05	2.56	3.07	3.58	4.10	4.61	5.12	6.40	7.68	8.96	10.24	15.36	20.48	25.60	
	45	0.65	1.30	1.94	2.59	3.24	3.89	4.54	5.18	5.83	6.48	8.10	9.72	11.34	12.96	19.44	25.92	32.40	
0.90	35	0.44	0.88	1.32	1.76	2.20	2.65	3.10	3.53	3.97	4.41	5.51	6.61	7.74	8.82	13.23	17.64	22.05	
	40	0.58	1.15	1.73	2.30	2.83	3.46	4.03	4.61	5.18	5.76	7.20	8.64	10.08	11.52	17.28	23.04	28.80	
	45	0.73	1.46	2.19	2.92	3.64	4.37	5.10	5.83	6.56	7.29	9.12	10.93	12.75	14.58	21.87	29.16	36.45	
1.00	35	0.49	0.98	1.47	1.96	2.45	2.94	3.43	3.92	4.41	4.90	6.13	7.35	8.58	9.80	14.70	19.60	24.50	
	40	0.64	1.28	1.92	2.56	3.20	3.84	4.48	5.12	5.76	6.40	8.00	9.60	11.20	12.80	19.20	25.60	32.00	
	45	0.81	1.62	2.43	3.24	4.05	4.86	5.67	6.48	7.29	8.10	10.12	12.15	14.57	16.20	24.30	32.40	40.50	
	50	1.00	2.00	3.00	4.00	5.00	6.00	7.00	8.00	9.00	10.00	12.50	15.00	17.50	20.00	30.00	40.00	50.00	
1.10	35	0.54	1.08	1.62	2.16	2.69	3.23	3.77	4.31	4.85	5.39	6.74	8.08	9.43	10.78	16.17	21.56	27.00	
	40	0.70	1.41	2.11	2.82	3.52	4.22	4.93	5.63	6.34	7.04	8.80	10.56	12.32	14.08	21.12	28.16	35.20	
	45	0.89	1.78	2.67	3.56	4.45	5.35	7.24	7.13	8.02	8.91	11.14	13.36	15.60	17.82	26.73	35.64	44.35	
	50	1.10	2.30	3.30	4.40	5.50	6.60	7.70	8.80	9.90	11.00	13.75	16.50	19.25	22.00	33.00	44.00	55.00	
1.20	35	0.59	1.18	1.76	2.35	2.94	3.53	4.12	4.70	5.29	5.88	7.35	8.82	10.29	11.76	17.64	23.52	29.40	
	40	0.77	1.54	2.30	3.07	3.84	4.61	5.38	6.14	6.91	7.68	9.60	11.52	13.44	15.36	23.04	30.72	38.40	
	45	0.97	1.94	2.92	3.89	4.86	5.83	6.80	7.78	8.75	9.72	12.35	14.58	17.00	19.44	29.16	38.88	48.62	
	50	1.20	2.40	3.60	4.80	6.00	7.20	8.40	9.60	10.80	12.00	14.05	18.00	21.00	24.00	36.00	48.00	60.00	
1.30	35	0.64	1.27	1.91	2.55	3.18	3.82	4.46	5.10	5.73	6.37	7.96	9.55	11.15	12.74	19.11	25.48		
	40	0.83	1.66	2.50	3.33	4.16	4.99	5.82	6.66	7.49	8.32	10.40	12.48	14.56	16.64	24.96	33.28		
	45	1.05	2.11	3.16	4.21	5.26	6.32	7.37	8.42	9.48	10.53	13.20	15.79	18.42	21.06	31.59	42.12		
	50	1.30	2.60	3.90	5.20	6.50	7.80	9.10	10.40	11.70	13.00	16.25	19.50	22.75	26.00	39.00	52.00		
1.40	35	0.69	1.37	2.06	2.74	3.43	4.12	4.80	5.49	6.17	6.86		10.29		13.72	20.58	27.44		
	40	0.90	1.79	2.69	3.58	4.48	5.38	6.27	7.17	8.06	8.96		13.44		17.92	26.88	35.84		
	45	1.13	2.27	3.40	4.54	5.67	6.80	7.94	9.07	10.21	11.34		17.01		22.68	34.00	40.36		
	50	1.40	2.80	4.20	5.60	7.00	8.40	9.86	11.20	12.60	14.00		21.00		28.00	42.00	56.00		
1.50	35	0.73	1.47	2.20	2.94	3.67	4.41	5.14	5.88	6.61	7.35		11.02		14.70	22.05	29.40		
	40	0.96	1.72	2.88	3.84	4.88	5.76	6.72	7.68	8.64	9.60		14.40		10.20	28.80	38.40		
	45	1.21	2.43	3.64	4.86	6.07	7.29	8.50	9.72	10.93	12.15		18.32		24.30	36.45	48.60		
	50	1.50	3.00	4.50	6.00	7.50	9.00	10.50	12.00	13.50	15.00		22.50		30.00	45.00	60.00		
1.75	35	0.86	1.71	2.57	3.43	4.29	5.14	6.00	6.86	7.22	8.57		12.86		17.15	25.72			
	40	1.12	2.24	3.36	4.48	5.00	6.72	7.84	0.96	17.00	11.20		16.80		22.40	33.60			
	45	1.42	2.83	4.25	5.67	7.90	8.50	9.95	11.34	12.76	14.17		21.20		28.38	42.52			
	50	1.75	3.50	5.25	7.00	8.75	10.50	12.25	14.00	15.75	17.50		26.25		35.00	52.50			
2.00	35	0.98	1.96	2.94	3.90	4.90	5.88	6.86	7.84	8.82	9.80		14.70		19.60	29.40			
	40	1.28	2.56	3.84	5.12	6.40	7.68	8.96	10.24	11.52	12.80		19.20		25.60	38.40			
	45	1.62	3.24	4.86	6.48	8.10	9.72	11.34	12.96	14.58	16.20		24.30		32.40	48.60			
	50	2.00	4.00	6.00	8.00	10.00	12.00	14.00	16.00	18.00	20.00		30.00		40.00	60.00			
2.50	35	1.22	2.45	3.67	4.90	6.12	7.35	8.57	9.80	11.00	12.25		18.37		24.50				
	40	1.60	3.20	4.80	5.40	8.00	9.60	11.20	12.80	14.40	16.00		21.00		32.00				
	45	2.02	4.05	6.07	8.10	10.12	12.15	14.17	16.20	18.22	20.25		30.38		40.50				
	50	2.50	5.00	7.50	10.00	12.50	15.00	17.50	20.00	22.50	25.00		37.50		50.00				
3.00	40	1.92	3.84	5.76	7.68	9.60	11.52	13.44	15.36	17.28	19.20		28.80		38.40				
	45	2.43	4.86	7.29	8.72	12.15	14.58	17.00	19.44	21.87	24.30		36.45		48.60				
	50	3.00	6.00	9.00	12.00	15.00	18.00	21.00	24.00	27.00	30.00		45.00		60.00				
	60	4.32	8.64	12.96	17.28	21.60	25.92	30.24	34.56	38.88	43.20		64.80		46.40				
3.50	40	2.24	4.48	6.72	8.96	11.20	13.44	15.68	17.92	20.16	22.40		33.60						
	45	2.83	5.67	8.50	11.34	14.17	17.00	19.84	22.68	22.51	28.35		42.52						
	50	3.50	7.00	10.50	14.00	17.50	21.00	24.50	28.00	31.50	35.00		52.50						
	60	5.04	10.08	15.12	20.16	25.20	30.24	35.28	40.32	45.36	50.40		75.60						
4.00	40	2.56	5.12	7.68	10.24	12.80	15.36	17.92	20.48	23.00	25.60		38.40						
	45	3.24	6.48	9.72	12.96	16.20	19.44	22.68	25.92	29.16	32.40		48.60						
	50	4.00	8.50	12.00	16.00	20.00	24.00	28.00	32.00	36.00	40.00		60.00						
	60	5.76	11.52	17.28	23.00	28.80	34.55	40.32	46.00	51.84	57.60		86.40						
5.00	40	3.20	6.40	9.60	12.80	16.00	19.20	22.40	25.60	28.80	32.00								
	45	4.05	8.10	12.15	16.20	20.25	24.30	28.35	32.40	36.45	40.50								
	50	5.00	10.00	15.00	20.00	25.00	30.00	35.00	40.00	45.00	50.00								
	60	7.20	14.40	21.60	28.80	36.00	43.20	50.40	57.60	64.80	72.00								
6.00	45	4.86	9.72	14.58	19.44	24.30	29.16	34.00	38.88	43.74	48.60								
	50	6.00	12.00	18.00	24.00	30.00	36.00	42.00	48.00	54.00	60.00								
	60	8.64	17.28	25.92	34.56	43.20	51.84	60.48	69.12	77.76	86.40								
7.00	45	5.67	11.04	17.70	22.68	28.35	34.00	39.69	45.36	51.00	56.70								
	50	7.00	14.00	21.00	28.00	35.00	42.00	49.00	56.00										
	60	10.08	20.16	30.24	40.32	50.40	60.48	70.56	80.64										
8.00	45	6.48	12.96	19.44	25.92	32.40	38.88	45.36	51.84										
	50	8.00	16.00	24.00	32.00	40.00	48.00	56.00											
	60	11.52	23.00	34.56	46.00	57.60	69.12	80.64											
9.00	45	7.29	14.58	21.87	29.16	36.45	43.74	51.00											
	50	9.00	18.00	27.00	36.00	45.00	54.00												
	60	12.96	25.92	38.88	51.84	64.80	77.76												
10.00	50	10.00	20.00	30.00	40.00	50.00	60.00												
	60	14.40	28.80	43.20	57.60	72.00	86.40												

La première question sera donc de déterminer ces efforts, ce qui n'ira pas toujours sans quelque difficulté, selon que le travail exigé des machines-outils ou autres appareils d'un atelier sera régulier ou non ; cependant, lors d'une installation, les constructeurs fournissent suffisamment de renseignements sur la marche des engins pour que l'on puisse estimer le maximum de puissance indispensable dans n'importe quelle circonstance.

On arrivera, en définitive, à connaître ainsi le nombre de chevaux-vapeur qui doit être disponible sur chacun des axes; supposons alors que nous voulions calculer le diamètre de la première transmission et, pour fixer les idées, admettons que le moteur développe 25 chevaux. D'autre part, les exigences de l'atelier demandent que la rotation ait lieu à 50 tours par minute et que la poulie réceptrice n'ait pas plus de 0 m. 80 de diamètre.

La puissance à transmettre est, en kilogrammètres :

$$25^{\text{HP}} \times 75^{\text{Kgm.}} = 1875^{\text{Kgm.}}$$

La vitesse de la poulie, à sa circonférence, par seconde, se déduit du chemin qu'un point de cette circonférence a parcouru par minute; pour un tour le développement est $\pi D = 3.14 \times 0.80 = 2$ m. 512; comme il se répète 50 fois en 60 secondes, nous obtiendrons :

$$V = \frac{\pi \times 0.80 \times 50}{60} = 2 \text{ m. } 093$$

De ce que le travail ($1.875^{\text{Kgm.}}$) est le produit de l'effort inconnu par la vitesse (2 m. 093) par seconde, nous avons enfin la force de torsion P en kilogrammes qui, par l'intermédiaire de la poulie, va obliger l'axe, à chaque instant, à prendre un mouvement de rotation dans les conditions du problème; ici :

$$P = \frac{1875}{2,093} = 895 \text{ kilogrammes.}$$

Son bras de levier est, évidemment, le rayon de la poulie 0.40; c'est ce dernier facteur qui sert, avec le nombre de chevaux, celui des tours et l'effort, à déterminer les arbres en fer par des formules empiriques diverses; on pourra choisir leur diamètre dans le tableau ci-dessous, dans lequel

P = force de torsion en *kilogrammes;*
R = bras de levier de cette force, en *millimètres;*
d = diamètre de l'arbre, en *millimètres;*
T = nombre de chevaux-vapeur à transmettre;
n = nombre de tours par *minute.*

d	PR	$\frac{T}{n}$	d	PR	$\frac{T}{n}$
Millimètres.			Millimètres.		
0.030	2 865	0 004	0 160	1.697 500	2 37
0.035	5.015	0.007	0 170	2.036.000	2.84
0 040	8.590	0.012	0 180	2 417.000	3 38
0.045	14.320	0 020	0 190	2.836 000	3.97
0.050	21.480	0 030	0.200	3 316.000	4 63
0 055	31.500	0.044	0.210	3.840.000	5 36
0 060	45.120	0 062	0.220	4 413 000	6 16
0 065	50.870	0.086	0 230	5 042 500	7 00
0 070	82.350	0 114	0 240	5.730.000	8.00
0 075	108.850	0.150	0.250	6.490 000	9.00
0.080	141.100	0 200	0.260	7 285.000	10 15
0 085	180.500	0.250	0 270	8.157.500	11.40
0.090	227.000	0.315	0.280	9.110.000	12.70
0.095	281.450	0.400	0 290	10.110 000	14.10
0.100	345.200	0.490	0 300	11.190.000	15.60
9.110	505.650	0.700	0 325	14.349.000	19.90
0 120	716 200	1.000	0.350	17.771.000	24.90
0 130	911.000	1.270	0.375	21.952.000	30.37
0.140	1.137.300	1.590	0 400	26.460.000	36 90
0.150	1.398.750	2.000	0.500	51.480.000	72.00

Une formule employée en Amérique est celle-ci :

$$d = m \sqrt[3]{\frac{T}{n}}$$

en lui conservant les mêmes notations que ci-dessus et m ayant les valeurs suivantes :

Arbres principaux.	*Arbres secondaires.*
Fer $m = 118$.	Fer $m = 93.5$.
Acier $m = 101$.	Acier $m = 80$.
Fonte $m = 140$.	Fonte $m = 111$.

Quant aux vitesses dont les arbres doivent être animés, nous dirons seulement qu'il y a une économie à les prendre aussi grandes que possible, eu égard toutefois aux travaux spéciaux des ateliers ; elles permettent de réduire les diamètres des arbres et des poulies, ainsi que la largeur des courroies.

Arbres creux. — On a remarqué qu'ils travaillent mieux que les arbres pleins à la torsion, car, dans ceux-ci, la fibre centrale ne subit aucun effort et, par conséquent, il y a un emploi de matière moins judicieux ; on aura donc une économie de métal en se servant des arbres creux, c'est-à-dire un moindre poids.

Ils se font en tubes soudés à recouvrement, analogues et aussi solides que ceux des chaudières ; leur diamètre est plus fort que celui des arbres pleins, de sorte qu'ils sont moins sujets à la flexion longitudinale.

On les calcule en transformant le diamètre d'un arbre plein, préalablement déterminé, et en adoptant un rapport entre les diamètres intérieur et extérieur.

Distance des supports. — L'habitude, en France, est d'écarter les *paliers* depuis 2 m. 50 jusqu'à 3 m. 50 environ pour des forces moyennes; il ne peut y avoir de règles bien fixes à cet égard; ce que l'on doit éviter, c'est qu'en tournant, l'arbre fléchisse sous l'action des efforts et des poids auxquels il est soumis et que, par suite, il se produise des vibrations dans la transmission; la formule empirique que l'on peut utiliser est :

$$L = 0.60 \sqrt[3]{d}.$$

L, portée en mètres; d diamètre en millimètres.

Cependant, pour des transmissions et des poulies bien équilibrées, il est permis d'augmenter ces chiffres et d'appliquer des règles américaines correspondant à peu près à une formule déjà en usage chez nous (sauf le coefficient) :

$$L = 0,22 \sqrt[3]{a.}$$

Comme application, soit un arbre de 120 $^{m}/_{m}$ de diamètre ; la distance entre paliers doit être inférieure à :

$$L = 0,22 \sqrt[3]{14\,400} = 5 \text{ m. } 35.$$

Assemblages des arbres. — La longueur des arbres du commerce variant de 3 à 6 m. 00, de 0 m. 50 en 0 m. 50, on est obligé de les abouter d'une façon inébranlable pour que le mouvement soit porté aussi loin qu'on le désire, indépendamment du frottement, bien entendu.

Il y a deux cas : tantôt leur liaisonnement doit être fait d'une façon à peu près définitive et tantôt ils sont à débrayage, de façon à pouvoir, à tout moment, isoler une partie quelconque de la transmission. Il faut avoir soin de les placer aussi près que possible des paliers ; au point de vue de la sécurité des ouvriers, on évite d'y laisser des parties saillantes extérieures, dangereuses pendant la marche (voir plus loin).

Les *manchons d'accouplement* se construisent de beaucoup de manières différentes dont nous allons donner les principales.

Le manchon à *cuiller* (fig. 350) consiste à renfler les

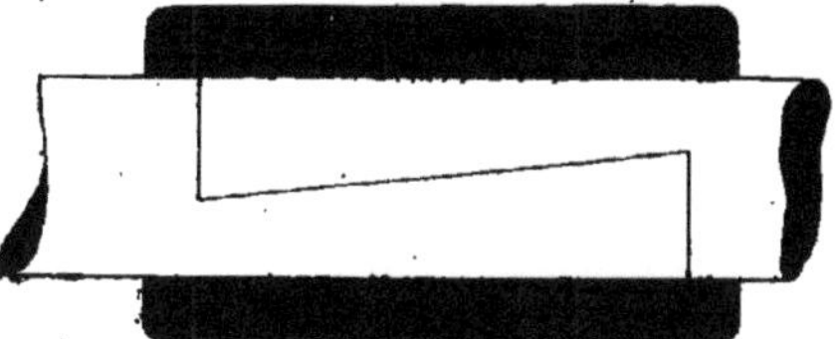

Fig. 350.

extrémités des arbres et à les couper à mi-épaisseur ; ces extrémités s'emmanchent ensuite l'une sur l'autre et on les recouvre d'un manchon en fonte maintenu à sa place par une ou plusieurs clavettes parallèles à l'axe ; de plus on

Fig. 351.

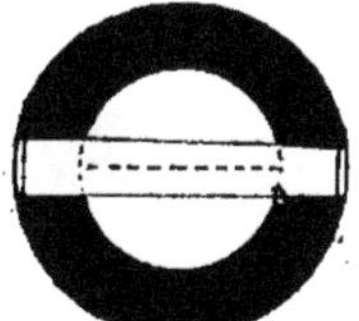

Fig. 352

rend solidaires le manchon et les arbres par une clavette supplémentaire rencontrant l'axe d'équerre ; elle empêche tout mouvement longitudinal. Son inconvénient est de demander beaucoup de travail et il empêche, à moins qu'on le démonte entièrement, de placer des poulies qui ne seraient pas en deux parties.

Des variétés plus simples de ce système sont le manchon à clavette à mi-épaisseur (fig. 352), le manchon à assemblage en Z (fig. 353), à redents (fig. 354).

Les dimensions du manchon sont :
Longueur = 3 d;
Coupe = 2,5 d.
On emploie encore deux clavettes à talon (fig. 355), plus

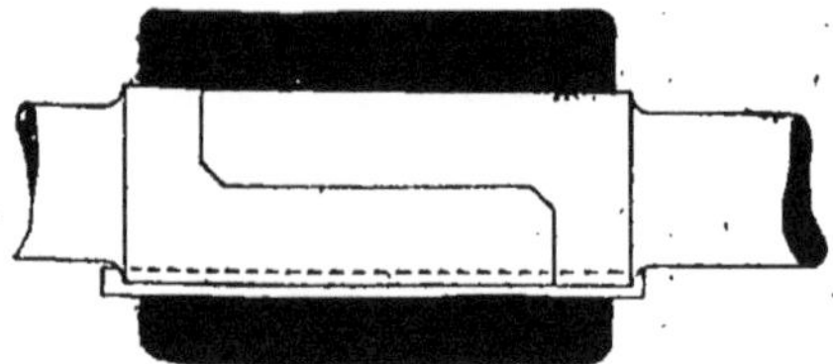

Fig. 353.

faciles à chasser ; le manchon est cône ; la largeur des clavettes est 1/4 à 1/3 du diamètre de l'arbre et sa hauteur $\frac{3}{5}$ de cette

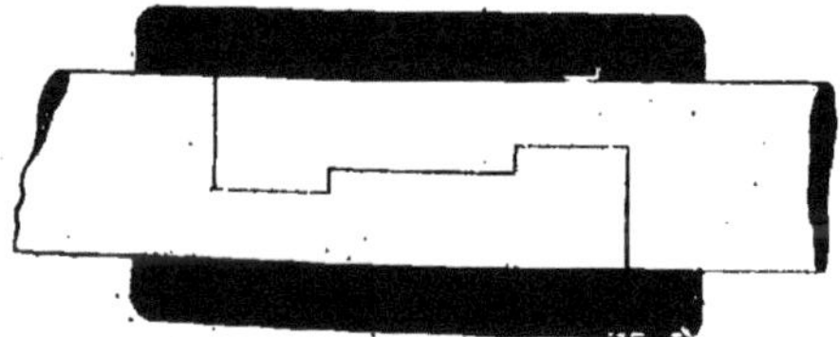

Fig. 354.

largeur ; mais ce système est moins avantageux que celui à mi-épaisseur.

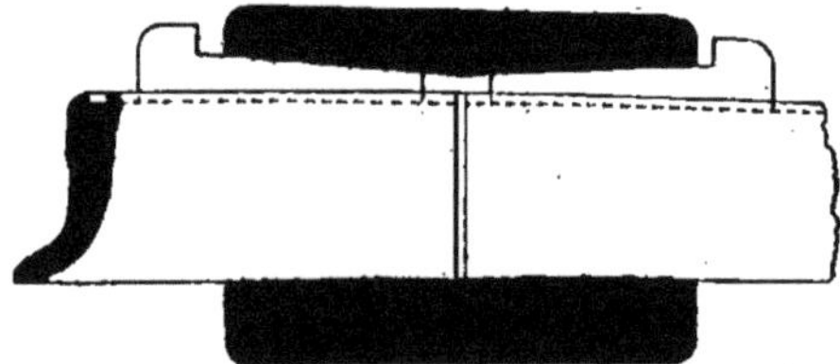

Fig. 355.

L'écartement est impossible à cause du serrage énergique obtenu ; les arbres sont, pour ainsi dire, agrafés l'un dans l'autre; mais il en résulte que tous ces manchons se prêtent plus ou moins au démontage.

Le manchon à *frettes* (fig. 356) réunit les arbres sans

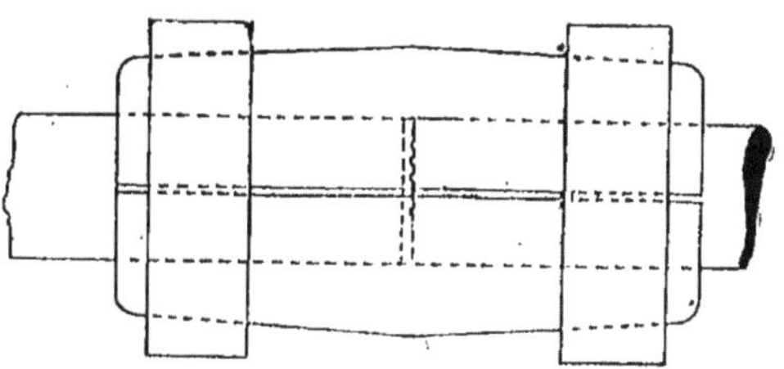

Fig. 356.

clavettes et sans saillies extérieures; c'est le frottement seul qui intervient entre les 2 moitiés d'une douille, fendue

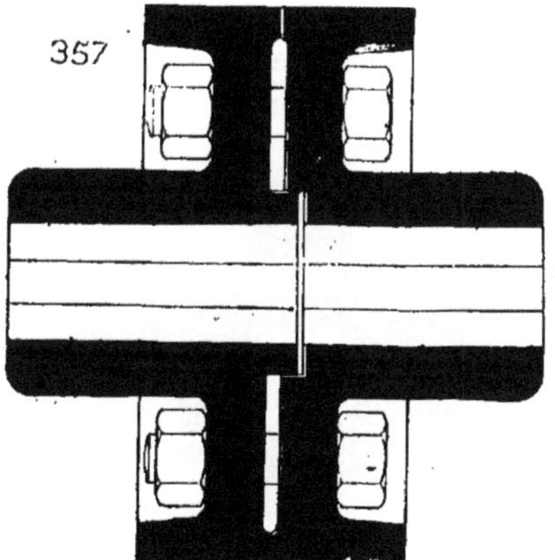

Fig. 357.

par le milieu, et l'arbre, frottement produit par des frettes embrassant solidement les extrémités du manchon.

Au lieu de frettes, on fait aussi un manchon *en deux parties* que l'on boulonne l'une sur l'autre; le plan de jonction peut être perpendiculaire à l'axe (fig. 357) ou dans le même sens que lui (fig. 358 et 359) ; il faut, en tout cas, noyer les écrous dans les coquilles pour éviter les accidents.

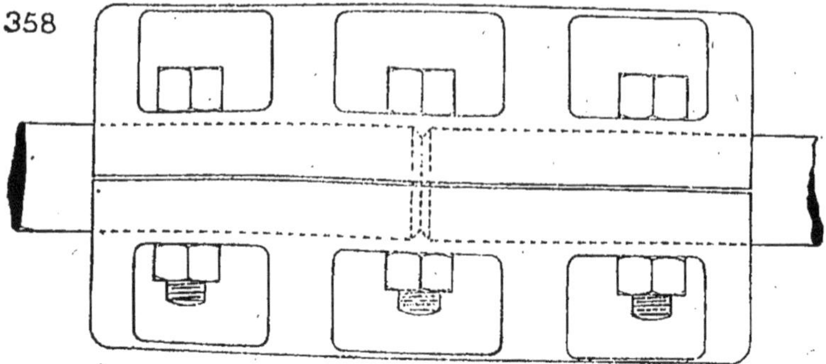

Afin que ce ne soit pas les boulons qui supportent l'effort de torsion, on met quelquefois des clavettes en acier qui le reportent d'un arbre à l'autre.

Parmi d'autres genres d'accouplement, on distingue l'accouplement de *Sellers* (fig. 361), composé de deux bagues fendues, tronconiques à l'extérieur et traversées par des boulons ; une coquille d'une seule pièce les entoure à l'extérieur, biconique elle-même à l'intérieur ; en tournant les

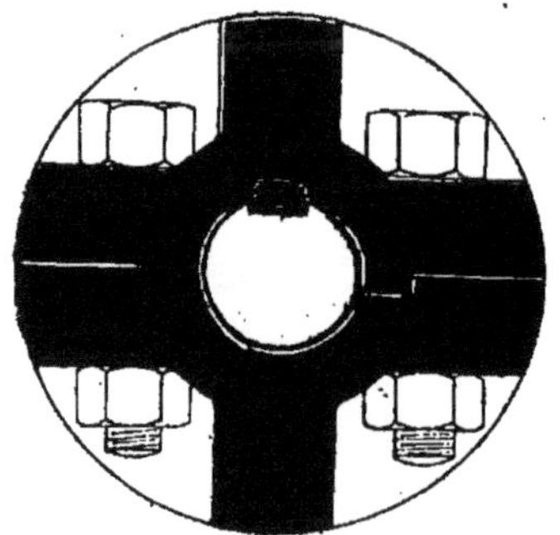

Fig. 359.

écrous des boulons, on tend à rapprocher les sommets des cônes et on provoque un très fort serrage des bagues sur les arbres et sur la coquille.

Celui de *Cresson* est du même principe que celui de Sellers; celui de *Chevance* (fig. 360), à manchon et demi-

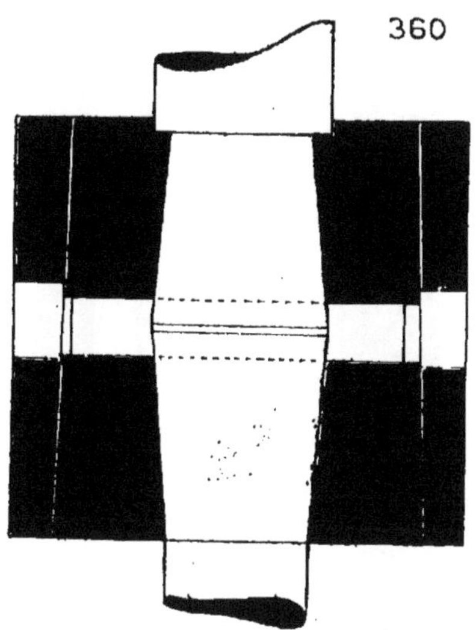

bagues légèrement tronconiques, sur embases opposées, donne aussi de très bons résultats.

L'accouplement à *plateaux* (fig. 357) est en deux parties jonctionnées par des boulons sur un plan d equerre à l'axe, avec clavettes sur les arbres; l'avantage de ce système, assez répandu, est de pouvoir affecter la forme extérieure d'une poulie en se servant du cylindre protégeant les boulons.

Embrayages. — Embrayer une pièce quelconque, c'est

faire participer cette pièce au mouvement général de la machine ou de la transmission.

Le cas le plus simple consiste, pour 2 arbres bout à bout,

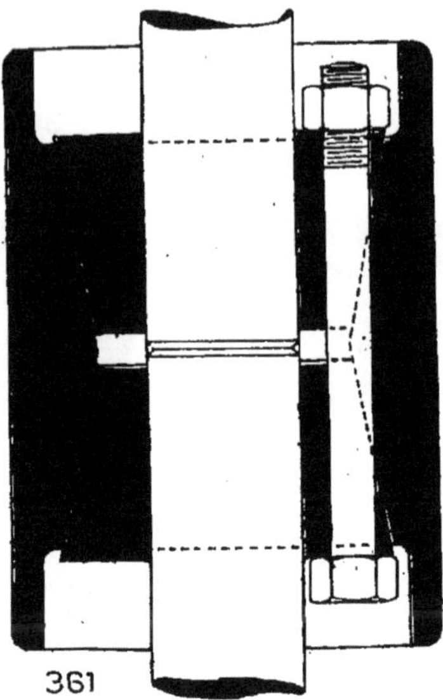

361

à mettre un manchon cylindrique à l'extérieur et carré ou en *trèfle* à l'intérieur, tel que dans les arbres des cylindres de laminoirs (fig. 362) ; l'accouplement n'est alors plus fixe, car l'on dispose ordinairement ces organes de façon à pouvoir coulisser légèrement le long des arbres.

Fig. 362.

Le manchon à *griffes* (fig. 363) présente des dents en nombre plus ou moins grand ; une partie est clavetée à demeure et l'autre peut avancer ou reculer pour que les griffes entrent les unes sur les autres; elle est munie d'une gorge et d'une fourchette ; ce système ne permet le mouvement que dans un sens ; aussi l'a-t-on modifié par l'emploi de griffes carrées.

Dans l'embrayage par *cônes de friction*, on remplace l'action des saillies par le frottement de 2 cônes pressés fortement l'un contre l'autre; l'un des arbres porte, calé à son extrémité (fig. 364), un disque au pourtour conique ; à

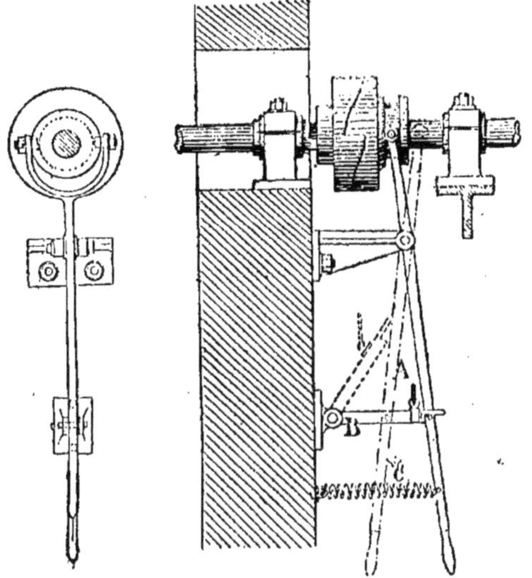

Fig. 363.

ce disque en correspond un second également conique, mais à l'intérieur; c'est cette partie que l'on manœuvre par une fourchette que l'on met en mouvement par une vis sans fin, fournissant une grande pression entre les surfaces et manœuvrée par un volant.

Pour embrayer, on remarquera donc qu'il n'est pas nécessaire d'arrêter les arbres et que le frottement ne se produit que petit à petit. Il suffit que la pression soit assez grande entre les cônes pour que le frottement entraîne le disque mobile ; les cônes généralement employés ont une inclinaison de 85 degrés à la base.

On peut admettre que le frottement est de 1.000 kilos par mètre carré ; la formule donnant le rayon moyen du cône est :

$$R = \frac{A}{F \times 2\pi n}.$$

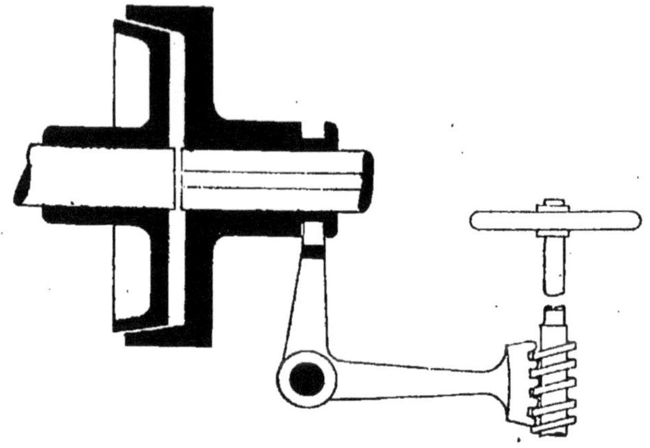

Fig. 364.

A = nombre de kilogrammètres à transmettre ;
n = » tours par seconde ;
F = frottement entre les surfaces.

L'inconvénient de cet embrayage c'est qu'on exerce une poussée latérale considérable par l'action énergique de la fourchette ; les paliers seraient donc fatigués par les collets de l'arbre.

Pour éviter cet inconvénient, on peut renverser les cônes ; dans l'intérieur du plateau est un cône mobile portant, comme moyeu, une partie en forme de gorge ; à la suite est un écrou en bronze. Un pas de vis correspond, sur l'arbre, à un écrou ; enfin, par-dessus, un collier empêche la séparation de l'écrou et du moyeu. On le manœuvre par un petit volant de fonte ; on fait avancer et, en même temps, le cône mobile se déplace et peut venir serrer le cône.

Fig. 365.

Entre les 2 arbres, et c'est ce qui fait la différence avec le précédent, on place un petit pivot qui, en s'engageant entre eux, empêche leur rapprochement ; on évite ainsi la traction trop grande, parce qu'ils butent sur ce pivot et qu'on n'a pas de pression sur les paliers.

Les cônes à *surfaces multiples* (fig. 365) consistent en

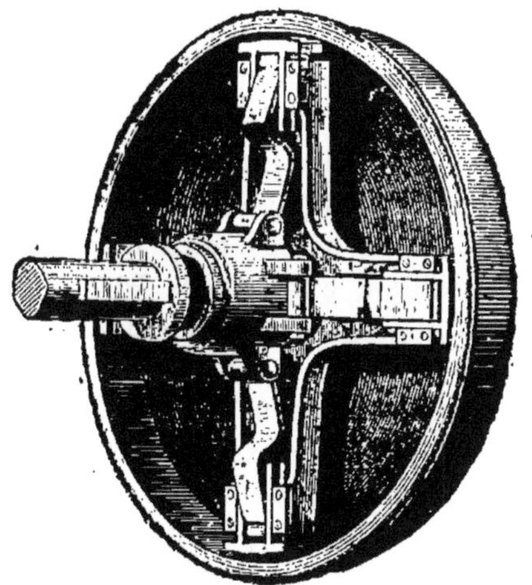
Fig. 366.

un plateau qui porte sur sa face une série de rainures en forme de coins s'engageant dans des creux correspondants faits à un second plateau fixé en regard de celui-là ; en multipliant ainsi les contacts on a une surface totale de friction égale à la surface indiquée dans la formule précédente.

Au lieu d'agir par frottement sur des cônes, le système *Kœclin* (fig. 366), avec lequel l'embrayage Piat-Deliège a quelque analogie, utilise des portions de segments intérieurs; un plateau fixé à demeure sur l'un des arbres a une partie cylindrique contre laquelle vient buter le manchon mobile de l'embrayage.

Ce manchon est constitué par un disque placé à l'extérieur du cylindre qui est muni de segments en fonte garnis à leur pourtour par une bague en bronze ; ils sont susceptibles de s'écarter du centre et de venir serrer contre la partie fixe du cylindre extérieur. La manœuvre s'exécute par un manchon qui, au moyen d'un levier, fait écarter ou rapprocher les segments du centre ; la fixation du plateau de droite a lieu par renflements ou par rondelles goupillées.

Tourillons. — On désigne ainsi la partie de l'arbre qui repose et tourne sur les paliers ; la plupart du temps on se contente simplement de les faire cylindriques ; mais une meilleure disposition, c'est de les faire sphériques, car ils se prêtent bien mieux que les tourillons cylindriques à des déplacements inévitables de l'arbre.

Les tourillons *frontaux* sont ceux d'extrémité, agencés, en général, pour résister aux efforts de poussée longitudinale et munis à cet effet de collets pris dans la masse ou rapportés ; une bonne proportion est de faire la longueur 1,5 d; quant aux collets, l'excédent de leur rayon sur le rayon de l'arbre ou saillie est de :

$$3^{m}/_{m} + \frac{d}{10},$$

et leur longueur 1,5 de cette saillie.

Tableau D.

Nombre de tours par minute.	DIAMÈTRE DES POULIES						
	0m30	0m35	0m40	0m50	0m60	0m70	0m80
10	1 20	1.35	1.60	1.95	2.30	2.75	3.15
20	2.30	2.80	3.15	3.90	4.75	5.50	6.30
30	3.50	4.15	4.75	5.95	7 05	8.25	9 45
40	4.20	5 50	6.50	7.90	9 45	11 95	12.60
50	5.85	6.80	7.90	9.90	11.75	13.70	15.70
60	7.05	8.25	9.40	11 90	14.10	16.50	18.80
70	8.20	9.45	10.95	13.75	16 50	19.20	22 00
80	9.45	10 95	12.40	15 80	18.80	22.00	25.15
90	10 75	12.40	14 10	17 70	21.15	24 70	28 38
100	11.80	13.75	15.80	19.50	23.60	27 40	31.45
110	13 00	15.00	17 25	21.70	25.80	30.20	34 50
120	14 10	16.50	18.80	23 50	28.40	32 90	37.60
130	15 30	17 90	20.40	25.50	30.60	35 70	40 80
140	16.50	19.20	22.00	27.50	33.00	38.50	44 00
150	17.00	20.50	23.50	29.50	35.35	41.15	47.20
175	20.65	24 00	27.50	34 40	41 10	48.00	58.00
200	23.55	27 45	31.40	39 30	47.10	55.00	63.00
225	26.50	31.00	37 25	44.25	53.00	62.00	71.00
250	29 30	34.45	39.10	49.00	59.00	69.00	78 40
275	32.50	38.00	43.00	54.15	64.80	75 00	86 20
300	35.30	41 20	47.10	59 00	71 00	82.40	94 40
325	38 20	44 60	51.00	64 00	76.50	89 00	102.00
350	41.20	48 00	55 00	69 00	82 59	96.00	110.00
400	47 20	55.00	62 50	78.50	94.50	110.00	125.50
450	53 00	63.00	70 50	88 40	106.00	121 00	142.00
500	59.00	68 50	78 10	98 00	117 50	137.50	157 00
600	71.00	82 20	94 00	118.00	141 00	164.00	188.00
700	82.00	94 00	110.00	138 00	165 00	192.00	220.00
800	94 00	110.00	125.00	156 00	188 00	210.00	
900	106 00	123.50	141.50	177 00	212.00		
1000	11.800	137.00	157.00	196.00			
1100	130.00	151.00	172 00	217.00			
1200	142 00	164 50	188 00				
1300	153 00	180.00	203 00				
1400	164 50	192 00	218 00				
1500	176.50	206.00					
1600	188.00	220.00					
1700	202.50						
1800	212.00						
1900	224.00						
2000	235.50						

Nombre de tours par minute.	DIAMÈTRE DES POULIES								
	0m90	1m00	1m25	1m50	1m75	2m00	2m25	2m50	3m00
10	3.50	3.90	4 85	5.85	6 90	7.85	8.85	9.85	11.75
20	7 05	7.70	9.85	11.75	13.70	15.70	17.60	19.60	23.60
30	10.60	11.70	14.70	17.65	21.00	23.55	26.50	29 30	35.30
40	14 10	15.60	19 60	23.60	27 80	31.40	35.30	39.25	47.10
50	17.60	19.60	24.50	29.35	34.70	39.30	44.00	49 10	59.00
60	21.30	23.55	29.40	35.30	41.70	47.00	53 00	59.00	71.00
70	24.75	27.40	34 25	41.20	48 40	55.00	62.00	68.70	82.50
80	28.25	31.35	39 30	47 10	55.50	63 00	70.50	78.50	94 50
90	31.80	35.30	44.20	53.00	62.20	71 00	79.40	88.20	106.00
100	34.60	39.30	49.00	58 80	69 00	78 50	88.20	98 00	117.50
110	38.80	43.15	54.00	65.00	76 00	86 40	97.00	108.00	130 00
120	42.40	47.10	59 00	70 80	83 00	94.00	106.00	117.50	142.00
130	46.00	51.10	63.70	76 30	90 00	102.00	115.00	127 50	153.00
140	49 30	55.00	68 80	82.20	96.50	110 00	121.90	137 00	165.00
150	53.00	58.75	73 7[illegible]	88.30	103.50	117 50	133 00	147 00	176.50
175	62 00	68 80	86 00	103.00	120.50	137 00	154.00	172.00	205.00
200	70.70	78.30	98.00	125.00	138.00	156 00	177.00	196.00	
225	79 50	88.20	110.00	132 50	154.00	177.00	199.08	221.00	
250	88.40	98 00	122 50	147 00	172.00	196 00	224.00		
275	97.30	108.00	135.00	162 00	188.00	215.00			
300	106.00	118.00	147 00	176.00	205.00				
325	114.50	127.50	159.00	192 00	222.50				
350	124.00	137 00	172.00	205.50					
400	141.00	156.00	196 00						
450	158 00	176.50	221.00						
500	177.00	196 00							
600	212 00								

Les tourillons *intermédiaires* sont ceux qui sont situés sur le courant de l'arbre et on leur donne les mêmes dimensions que ci-dessus; le plus habituellement, on ne les tourne pas aux dépens de l'arbre ; il est préférable, en effet, de les faire venir de forge ou, tout au moins, de les limiter par des bagues rapportées et maintenues en place soit à la façon des frettes posées à chaud, soit par des goupilles ou des prisonniers.

Quand ils sont soumis à de grands efforts qui, de plus, se produisent irrégulièrement, on doit augmenter leur diamètre d'environ moitié.

Les tourillons *sphériques* se tracent avec un diamètre qui est 1 fois 1/2 celui des tourillons ordinaires.

Les tourillons *cannelés* sont ceux qui sont munis d'un certain nombre de collets tournés qui tournent dans des cannelures du coussinet du palier.

Paliers (fig. 367, 368 et 369). — On donne ce nom aux supports des arbres horizontaux ; ils sont directement en contact avec l'arbre de transmission dont ils reçoivent le frottement.

Leurs formes et leurs dispositions sont des plus variées ; néanmoins on y distingue quatre parties principales : les *coussinets*, le *corps*, le *chapeau* et la *semelle ;* les coussinets, qui se font en bronze ou en composition de bronze, entourent immédiatement l'arbre et sont en deux ou plusieurs parties ; la partie inférieure se loge dans le corps du palier, et le coussinet supérieur, dans le chapeau ; enfin cet ensemble est soutenu sur la semelle qui peut, dans le cas le plus simple, n'être qu'une plaque avec butée de calage, ou qui est constituée par des chaises, consoles et autres.

Les coussinets doivent satisfaire à deux conditions principales : il ne faut pas qu'ils tournent dans le support, d'une part et, de l'autre, ils sont astreints à faciliter la lubrification des surfaces frottantes; on les confectionne donc selon la forme octogone ou bien on les munit d'ergots ou de saillies et le graissage est assuré par des rainures, dénommées

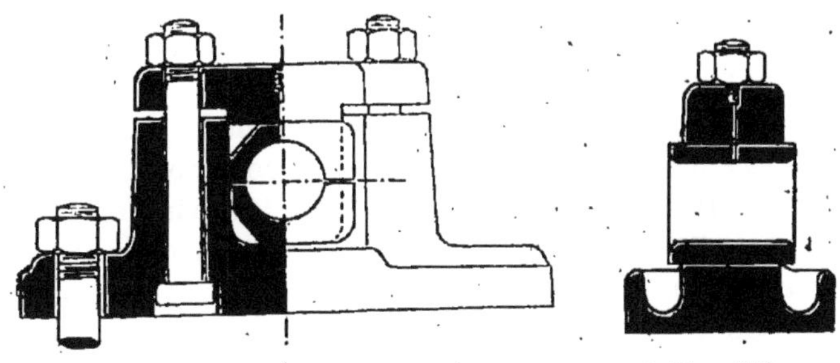

Fig. 367. Fig. 368.

pattes d'araignée, où le corps gras reste emmagasiné en quantité suffisante.

En plus des deux fonctions de support intime et de grais-

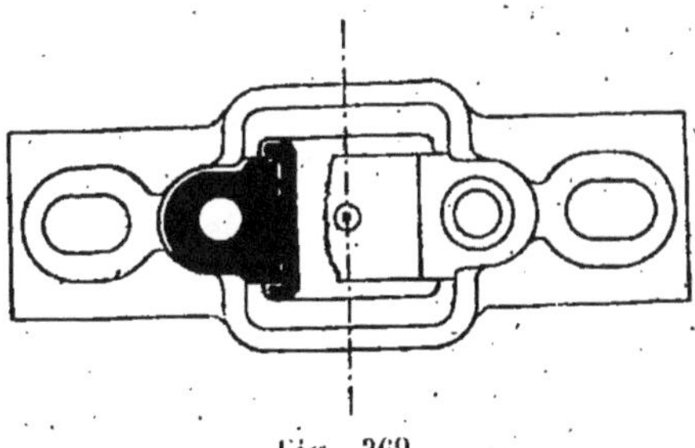

Fig. 369.

sage du corps cylindrique du tourillon, ils ont souvent pour but de maintenir l'effort longitudinal des collets qui s'appuient de chaque côté de leurs joues; on veillera donc, dans le choix des systèmes nombreux existant dans le commerce, à donner la préférence aux paliers où le lubrifiant peut se répandre sur les collets par capillarité ou mécaniquement.

Il y a peu de chose à dire du corps du palier et du chapeau qui n'ont pour but que de maintenir les coussinets en place et de servir habituellement de réservoirs d'huile ; leur forme dépend de celle des coussinets et, souvent, en raison de l'obliquité des efforts, le plan de section est incliné sur l'horizontale.

Ce que l'on doit rechercher, c'est un mode judicieux de rattrapage d'usure en tous sens ou de commodité de montage par l'intermédiaire de clavettes et de vis s'appuyant sur la semelle ; lorsque le corps forme caisson de lubrifiant, on coupe le palier en deux parties entre lesquelles on pose une bague baignant dans l'huile ; la rotation de l'arbre entraîne cette rondelle qui projette l'huile à l'intérieur de la boîte où, de là, elle retombe sur toutes les surfaces frottantes.

Certains constructeurs préfèrent, à cause du cambouis résultant de l'agitation incessante de l'huile, employer les paliers à rotin où l'huile bien siccative est remontée par la capillarité de ces végétaux et est, pour ainsi dire, sucée par le vide qui résulte de la rotation.

D'autres fois, enfin, le chapeau porte un godet graisseur, ouvert ou à couvercle, ou mieux un graisseur comptegoutte, un graisseur simple, un graisseur à compression, à coup de poing, etc.

Il existe aussi quelques applications de paliers à billes et nous aurons, plus loin, occasion de décrire quelques dispositions nouvelles de ces organes.

Montage. — Quelle que soit la façon dont on soutiendra la semelle du palier sur les supports rigides de la construction : soit en hauteur sur des chaises ou des consoles ; soit à peu de hauteur du sol sur de la maçonnerie, par exemple ; soit, enfin en sous-sol, le plus grand soin sera apporté dans la détermination rigoureuse de l'axe de la transmission. Il ne suffit pas de se servir du niveau.

A l'aide d'un cordeau très solide et très fin, aussi tendu que sa résistance le permettra, on s'assurera d'abord de la rectitude et du parallélisme des arbres dont il s'agit; avec de légers gabarits en bois on repèrera exactement la position du centre des coussinets que l'on figurera par de petits disques en papier fort ou en carton de même diamètre que les tourillons; ces disques sont percés, au centre, d'un trou pour le passage du fil.

On posera, à ce moment, les paliers en ne serrant que peu les boulons, de façon à ce que les coussinets encadrent les disques d'aussi près que possible et sans jeu; on retirera ensuite le cordeau qui n'a servi qu'à une approximation du montage, car il peut fléchir, et, en plaçant une lumière derrière un des disques, aussi loin que la vision le permettra, on regardera à travers les trous extrêmes, faisant varier dans le sens convenable (largeur et hauteur), d'abord le premier coussinet où le disque en papier est resté assujetti, puis le second et tous les autres.

On ne devra passer d'une vérification à la suivante que lorsque le serrage des organes de maintien du palier aura été poussé à bloc. Il est évident que, pour prolonger une ligne d'arbres, les mêmes précautions seront prises de proche en proche en opérant sur la plus grande longueur que l'on pourra, et l'on sera alors convaincu que rien n'est plus difficile à obtenir qu'une ligne droite.

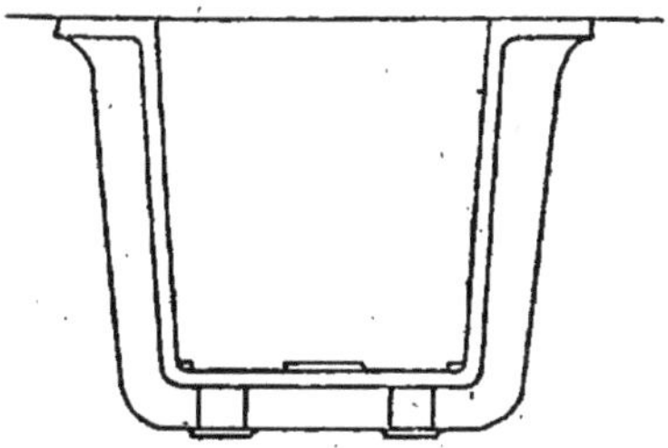

Fig. 370.

Chaises. — On les emploie lorsque le plafond supporte les arbres de transmission; ils se confectionnent en forme de V (fig. 370); mais ils ont alors l'inconvénient de ne pouvoir laisser passer les engrenages ou les poulies dont le diamètre ne s'inscrit pas dans cette surface et on leur préfère les chaises en crochet ou pendantes (fig. 371), qui supportent

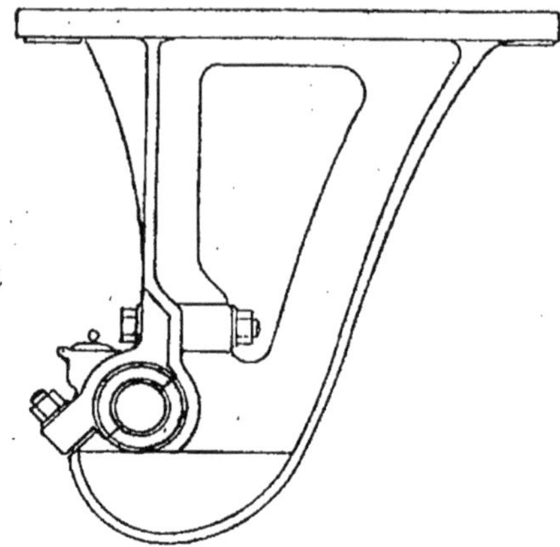

Fig. 371.

la transmission en porte à faux par un seul bras, généralement en fonte et creux ; on peut enlever l'arbre très facilement et y ajouter des poulies ou des engrenages, selon les nécessités, lorsque ceux-ci ne sont pas en deux parties.

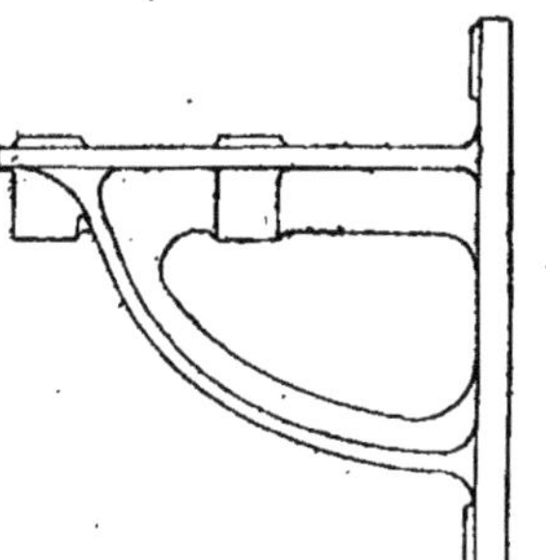

Fig. 372.

Consoles. — Elles servent d'intermédiaire entre les paliers de l'arbre et un mur, une colonne ou une paroi quelconque verticale ; leur ensemble le plus simple est un triangle rectangle, quelquefois transformé en arcs (fig. 372) à côté supérieur horizontal, sur lequel on fixe la semelle ou le palier et qui, par le côté d'équerre, s'appuie contre une plaque de fonte scellée dans la maçonnerie ; la configuration de cette plaque doit permettre le maintien par des clavettes ou des vis et, de plus, il est bon d'ovaliser dans des sens perpendiculaires, les trous de la plaque et de la console ; si l'on ne veut pas se contenter des boulons de scellement, on pose une contre-plaque de l'autre côté du mur lorsqu'il n'est pas mitoyen.

Avec des colonnes en fonte, on fait venir des ergots entre lesquels on opère le serrage du patin vertical.

CHAPITRE TROISIÈME

POULIES

Bien que les *poulies* soient les organes les plus simples dans la transmission des mouvements de rotation, leur usage extrêmement étendu et varié nécessite que nous entrions tout d'abord dans le détail du calcul de leur diamètre; nous négligerons, par contre, tout ce qui concerne leur résistance, que les constructeurs proportionnent au service qu'elles font dans chaque cas.

Diamètre. — Elles sont, habituellement, chargées d'augmenter ou de réduire la vitesse que la courroie de transmission leur communique, dans un rapport déterminé des diamètres respectifs ; si, par exemple, il s'agit de transmettre le mouvement d'un arbre A, qui fait N tours, à un arbre B sur lequel on a besoin de n tours, on appliquera la formule (*Mécanique générale*) :

$$\frac{N}{n} = \frac{d}{D},$$

D étant le diamètre connu de la poulie montée sur A;
d — cherché — B.

Comme application, la transmission A fait 150 tours par minute et, d'abord, on ne sait quel est le diamètre de la poulie de commande, mais on désire que B ne fasse plus que 65 tours ; il faudra choisir les diamètres des poulies dans un rapport :

$$m = \frac{D}{d} = \frac{65}{150} = 0,43.$$

Admettons donc, en second lieu, que nous disposions, sur l'arbre A, d'une poulie de commande de 0 m. 350 de diamètre ; la poulie à caler sur l'arbre B devra avoir un diamètre de :

$$d = \frac{D}{m} = \frac{0,350}{0,43} = 0,81, \text{ en chiffres ronds.}$$

Largeur. — Un second élément important qu'il y a à déterminer est leur largeur, qui dépend de celle de la courroie et, par conséquent, de la force qu'il faut transmettre ; la formule théorique est un peu abstraite et nous nous contenterons de relater la suivante, plus commode et tout à fait suffisante dans les cas ordinaires :

Arbres horizontaux :

$$L = 15 \frac{F}{V}.$$

Arbres verticaux :

$$L = 21 \frac{F}{V}.$$

Où :

F est la puissance motrice, en chevaux-vapeur;
V » » vitesse, en mètres;
L » » largeur de la courroie, en centimètres.

Disposition. — La courroie, qui embrasse un certain

arc de la poulie, lui transmet le mouvement par adhérence; le brin conducteur est plus tendu que le brin de retour et, avec de grandes vitesses, il se produit une interposition d'une lame d'air qui nuit à l'entraînement et à laquelle on obvie en perçant des trous dans la jante.

Lorsque les arbres doivent tourner dans le même sens, on se sert de courroies droites ; s'ils sont parallèles et possèdent des rotations de sens inverse, les courroies sont croisées; si les arbres sont perpendiculaires, dans des plans inclinés, les courroies sont tordues; la condition à remplir est que le plan passant par le milieu des poulies leur soit tangent.

Les poulies se construisent en fonte, en bois ou en fer ; leurs bras sont droits ou courbes et, quand on les choisit en deux parties, elles sont plus avantageuses dans le montage et le démontage sur les transmissions. Avec les bras cintrés on a moins de rupture à la fonderie, ce qui indique que leur tension est moins grande en service.

Il existe aussi des combinaisons de poulies où le moyeu est en fonte, les bras en fer rond ou de sections diverses et la jante en tôle ; elles sont plus légères et très résistantes.

Le bombement des poulies ramène toujours la courroie vers le milieu de la largeur.

On se sert de clavettes pour fixer les poulies sur les arbres principaux, qu'elles soient en une ou deux parties; il est, de même, nécessaire de claveter sur les arbres secondaires les poulies d'une seule pièce ; mais souvent le serrage par boulons des poulies sectionnées offre suffisamment d'adhérence pour l'entraînement. Le clavetage des poulies se fait selon les mêmes règles empiriques que nous avons signalées précédemment pour les engrenages.

Les *tambours* sont des poulies, ordinairement assez larges, qui ne sont pas bombées au pourtour; les *poulies étagées* ou *cônes* servent à obtenir des variations de vitesse pour un même écartement des arbres; on les détermine en fonction du maximum et du minimum du rapport des vitesses; la longueur moyenne de la courroie n'est pas exactement celle qui conviendrait à chaque étage, mais on s'en contente, surtout quand les courroies sont croisées; il est, d'ailleurs, possible de choisir des diamètres et des variations de vitesses répondant à des développements égaux des circonférences.

Montage. — Dans le cas usuel où l'on agrafe sur place les abouts d'une courroie par un des moyens exposés au commencement de ce chapitre, il faut, en raison de l'allongement ultérieur qui se produira lors du fonctionnement, serrer la courroie; aujourd'hui, les progrès de la mécanique ont conduit les constructeurs à prévoir le remède à cet allongement; les paliers sont munis, à cet effet, de dispositifs convenables permettant l'écartement des axes ou l'augmentation proportionnelle des diamètres des poulies, ce qui est préférable et, d'ailleurs, tout récent.

Poulies en pâte de bois et autres matières compressibles. — Les inconvénients que l'on reproche aux poulies métalliques sont d'être lourdes, de se déséquilibrer, de se polir et, par conséquent, d'avoir tendance à laisser glisser la courroie; aussi s'est-on préoccupé, depuis quelques années, dans les pays industriels, de substituer au métal des matières fibreuses, telles que la pâte de bois, la sciure, les copeaux, les feuilles et la paille, et jusqu'aux résidus d'herbes, le papier ou le carton, les épis de blé, la bagasse, le chanvre, les fibres de coton, de jute et autres textiles.

La plupart de ces ingrédients ont les mêmes usages que la fibre vulcanisée, quant aux autres emplois où l'on recherche la résistance et la texture fibreuse; on les unit au chlorure de zinc ou d'étain en dissolution concentrée et, parfois, on les teint par addition de colorants mélangés pendant le malaxage préalable.

Selon les premières combinaisons que l'on a essayées, les poulies en papier étaient formées d'un grand nombre de feuilles de carton de paille ou autre que l'on juxtaposait selon divers procédés; cet assemblage se desséchait et se fendait, s'altérant sensiblement sous l'influence des variations de l'atmosphère, de sorte que l'on était amené à conserver les produits dans des endroits secs; à l'usage, les disques ainsi préparés se polissaient et perdaient une partie de leurs qualités d'adhérence.

On fabriqua ensuite les poulies d'une série de plaques en pâte de bois juxtaposées et collées ensemble; elles étaient coûteuses et, par la nature même de leur système de confection, il était impossible d'obtenir une surface de grain uniforme, car le degré de pression n'était pas toujours le même et l'agrégation de la matière, dont étaient faites les poulies, ne pouvait également être suffisamment combinée.

Ces poulies, en somme, s'équilibraient assez difficilement et ne tournaient guère avec un bon rendement; le glissement de la courroie devenait très préjudiciable et l'on perdait ainsi une force assez mal déterminée mais néanmoins sensible.

Pour obvier au polissage inégal de ces poulies, il fallait donc les dresser, par différents procédés, et le défaut ne disparaissait que temporairement, évidemment nuisible pour le bon état et la conservation de la courroie.

On en vint enfin à l'emploi de pâtes préparées par voie humide, c'est-à-dire avec beaucoup d'eau incorporée; on avait spécialement en vue l'obtention des galets de friction, de plus petit volume; c'était la matière fibreuse que l'on comprimait, mais à la dessiccation ultérieure, on constatait des rétrécissements de 50 à 60 pour 100.

Aussi, à l'heure actuelle, les inventeurs se sont-ils ingéniés à porter leurs perfectionnements sur la compression des matières à l'état sec (pâte de bois, de coton, de corde) en les mélangeant avec des résines, de préférence, qui leur donnent de la cohésion et, dans certains cas, avec de la chaux pour avoir de la dureté, ou avec de certaines huiles qui communiquent de l'imperméabilité aux produits.

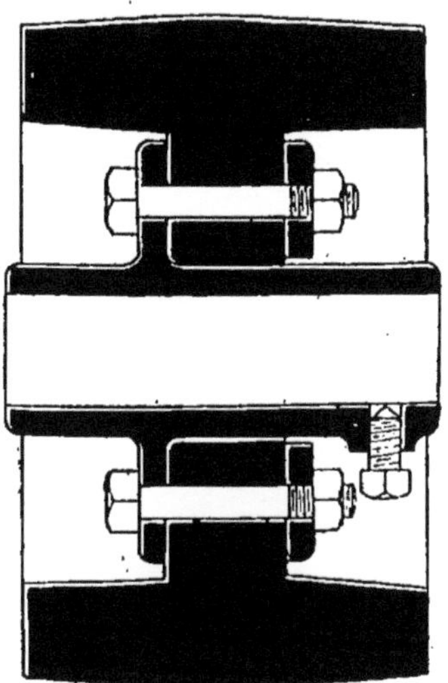

Fig 373.

De cette façon, la durée de la dessiccation est beaucoup moindre et l'on évite le retrait inégal du séchage, avec toutes ses conséquences d'irrégularités et de pièces non semblables.

Les nouvelles poulies (fig. 373) confectionnées dans cet ordre d'idées présentent une bien plus grande adhérence avec un frottement maximum exactement sur la surface extérieure; on les obtient à la matrice, sous la presse hydraulique, avec chauffage à la vapeur; il faut cependant juste assez de chaleur pour faire fondre la pâte de bois et de manière à ce que la masse soit parfaitement homogène ; en d'autres termes, cette pâte, ainsi que la matière agglutinante et celle qui provoque l'adhérence doivent se combiner de façon uniforme pour répondre aux qualités de résistance et de frottement exigées de la poulie.

On malaxe les matières pendant qu'elles sont encore plastiques, on les soumet ensuite à la compression et c'est ainsi qu'on en obtient non seulement les poulies, qui nous intéressent ici spécialement, mais les objets les plus imprévus, tels que casques, barils, seaux, cadres, roues pour wagons, et autres.

Étant fabriqués dans des moules, il n'y a aucun rétrécissement à craindre, puisqu'en effet, la matière est présentée à sec, et retirée sous le même volume à sec également.

CHAPITRE QUATRIÈME

PRÉCAUTIONS GÉNÉRALES A PRENDRE
POUR LES TRANSMISSIONS

Précautions à prendre dans le maniement des courroies. — L'Association des Industriels de France contre les accidents du travail a édicté, dans une brochure spéciale, des règles détaillées dont nous croyons bon de résumer les points essentiels.

En effet, les accidents causés par les transmissions et les courroies sont certainement les plus nombreux de tous ceux dont sont victimes les ouvriers travaillant dans les ateliers et fabriques, et il est nécessaire que tous ceux qu'intéresse ce danger réel prennent les plus grandes précautions, chacun en ce qui le concerne, pour éviter ces accidents.

Il y a donc lieu d'indiquer les moyens préventifs que l'on recommande pour parer à toutes les éventualités qui se présentent en cours de travail, c'est à dire au risque professionnel.

Lorsque les circonstances nécessitent que l'on puisse accéder aux arbres de transmission, on a deux moyens à sa disposition :

1° Avec une *passerelle de service* pour des arbres placés très haut, l'accès à la transmission, tout en restant facile, devra maintenir l'ouvrier à distance sensible et la passerelle devra s'opposer à tout glissement ou toute chute de celui-ci ; il y aura des garde-corps à main courante et une plinthe inférieure.

2° Les *échelles* sont très fréquemment cause d'accidents résultant des mauvaises conditions de leur établissement ou de leur état ; à part la chute par maladresse, l'échelle peut tomber et entraîner avec elle l'ouvrier ; si la cause de cet accident provient de son mauvais état ou de sa construction défectueuse, il faut le prévenir par une inspection fréquente du matériel et par sa réparation, s'il y a lieu.

Le glissement de l'échelle peut également être le motif d'un accident ; l'échelle doit toujours offrir 4 points d'appui : deux en haut des montants, deux en bas.

Si l'un des montants vient à gauchir, de manière que l'échelle ne repose plus que sur trois points d'appui, elle doit être immédiatement retirée du service.

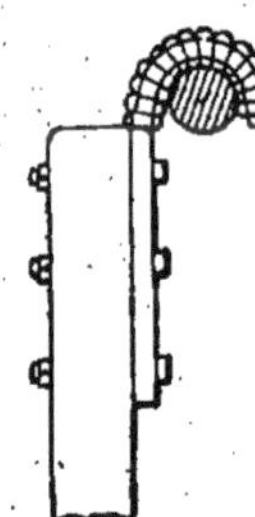

Fig. 374.

Quand l'échelle doit s'appuyer contre des arbres de transmission ou des entretoises, on la munit de *crochets* à la partie supérieure de ses montants ; il sera bon, d'ailleurs, d'envelopper ces crochets de cuir ou de vieilles ficelles pour éviter leur glissement sur le métal (fig. 374).

Lorsqu'elle doit s'appuyer contre des colonnes ou contre des parois, en des points déterminés d'avance, on établira solidement, sur ces colonnes ou parois, des *étriers*, auxquels se fixeront les crochets de l'échelle. De même, si les paliers reposent sur des chaises ou des consoles, on fixera sur ces dernières des colliers en fer auxquels s'accrochera l'échelle (fig. 375).

Si l'échelle doit s'appuyer seulement contre des murs ou des poutres en des points très variables, on supprimera les crochets et on enveloppera l'extrémité des montants avec des *tampons* de drap, de feutre ou de caoutchouc.

Si la nature du sol le permet, terre ou parquet, on disposera deux pointeaux à la partie inférieure des montants (fig. 376).

On a proposé également de disposer, à la partie inférieure des montants, un *sabot* articulé permettant à l'échelle de prendre l'inclinaison voulue et reposant sur le sol par une large surface d'appui sous laquelle on fixait des bandelettes de caoutchouc ou une semelle de feutre (fig. 377 et 378).

Fig. 376.

Si l'échelle doit s'appuyer tantôt contre un mur, tantôt contre un arbre de transmission, on peut la munir de crochets en haut de ses montants et il suffit, alors, de la retourner quand on veut l'appuyer contre le mur.

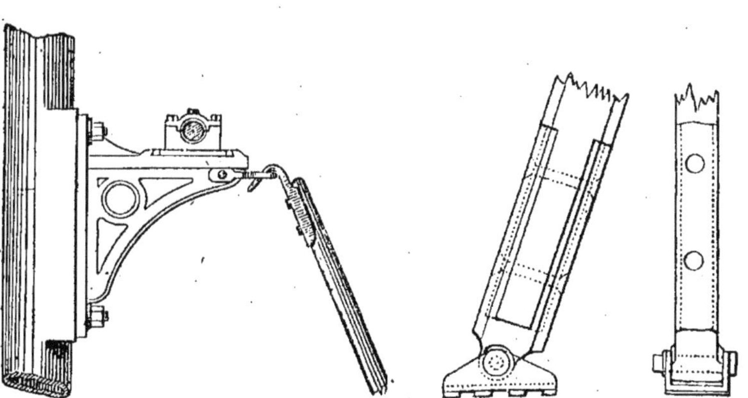

Fig. 375. Fig. 377-378.

Pour éviter cette nécessité, on peut d'ailleurs fixer les crochets en contrebas des têtes.

Enfin, lorsque la transmission sera placée le long d'un mur, on interdira au soigneur d'appuyer son échelle *contre* ce mur, ce qui le placerait lui-même entre l'arbre et la paroi fixe, position très dangereuse (fig. 379).

Il devra, au contraire, accrocher son échelle à l'arbre, de manière à s'éloigner le plus possible du mur (fig. 380).

Fig. 379. Fig. 380.

Arbres de transmission.

En règle absolue, *on ne doit jamais se mettre en contact direct avec un arbre qui tourne.*

Il suffit d'une aspérité quelconque, d'une tête de clavette ou d'une vis saillante pour que les vêtements soient saisis et enroulés ; l'homme est alors entraîné dans la rotation de l'arbre et tourne avec lui ; à chaque tour, sa tête ou toute autre partie de son corps frappent contre l'obstacle, mur, colonne ou poutre ; le moindre danger pour lui est de retomber sur le sol, si ses vêtements vieux et usés ont cédé sous ces efforts.

Un *arbre lisse* est, lui-même, *dangereux;* il suffit qu'il

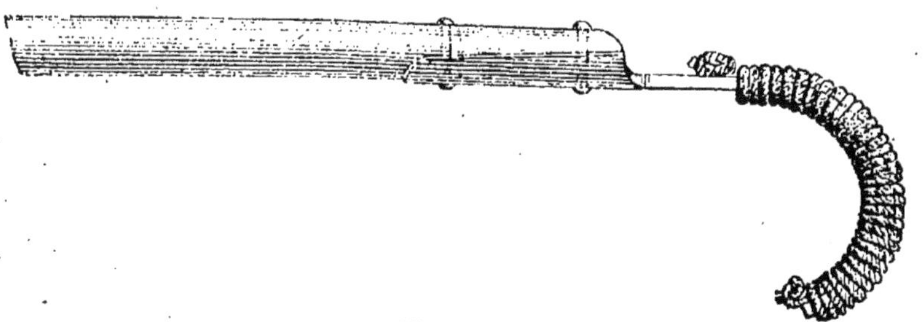

Fig. 381.

soit légèrement gras et qu'une partie quelconque du vêtement, souvent une simple effilochure, vienne en contact avec lui et qu'elle fasse un demi-tour.

En principe, le *nettoyage* des transmissions ne devrait

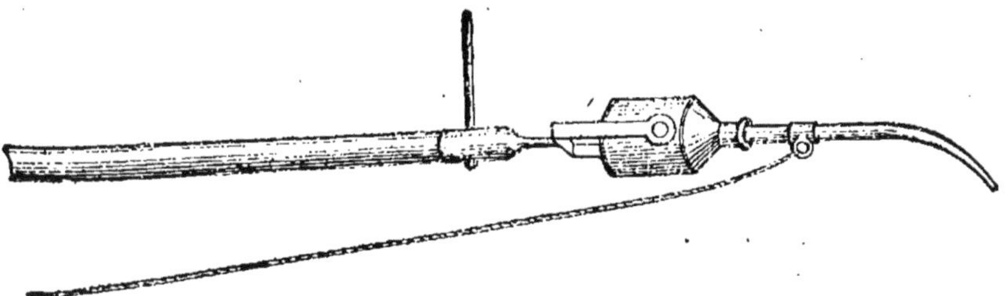

Fig. 382.

se faire qu'à l'arrêt ; sinon, on emploiera une longue perche portant à son extrémité un *crochet* en tôle entouré de vieilles cordes et présentant la courbure de l'arbre (fig. 381) ; il est nécessaire, dans cette manœuvre, qu'il n'existe pas de parties saillantes et, tout au moins, elles seront couvertes ou noyées, car la perche pourrait être saisie et projetée dans l'atelier.

Pour les arbres verticaux, leur nettoyage se fait avec une brosse à long manche.

Il est également de règle absolue, pour effectuer le *graissage* d'un arbre, de ne *jamais* se mettre en contact direct avec lui *pendant qu'il est en marche ;* l'ouvrier s'exposerait à être saisi et entraîné, nous l'avons dit.

Le coussinet à simple trou graisseur est, à ce point de vue, fort imparfait et, de plus, peu économique ; les graisseurs valent donc mieux, car il suffit de les surveiller et de choisir le moment des arrêts pour les renouveler.

Si, pour une cause quelconque, un oubli, l'ouvrier se voit obligé de graisser en marche, il le fera, toutes les fois que ce sera possible, sans quitter le plancher et en se servant d'une burette à bascule, montée au bout d'une perche munie d'une petite tige latérale pour soulever, au besoin, le couvercle des godets (fig. 382).

Il ne faut autoriser le graissage pendant la marche que lorsque des dispositifs de sûreté, supprimant tout danger, auront été installés.

Manchons d'assemblage.

Nous avons recommandé précédemment de placer toujours ces manchons près des paliers, et non pas vers le milieu d'une travée, et de les choisir de préférence sans boulons, clavettes ou parties saillantes capables de saisir un ouvrier par ses vêtements.

Le graissage automatique n'empêche pas que l'on ait, parfois, besoin d'accéder à la transmission pour vérifier le fonctionnement d'un graisseur ou l'échauffement d'un coussinet ; on peut encore avoir un travail à exécuter à proximité de la transmission.

On supprimera facilement la cause de danger que présentent les manchons en les enveloppant d'un *fourreau*, en tôle ou bois, fixé sur les nervures et qui offre, de tous côtés, une surface lisse (fig. 383).

Des manchons que l'on peut citer comme étant dans de

Fig. 383.

bonnes conditions sont le manchon à frettes, déjà décrit, et le manchon Chevance (fig. 360).

Clavettes et bagues d'arrêt. — Toutes les fois qu'il sera possible de couper sans inconvénients les têtes des clavettes qui fixent sur les arbres les poulies et les roues dentées, il

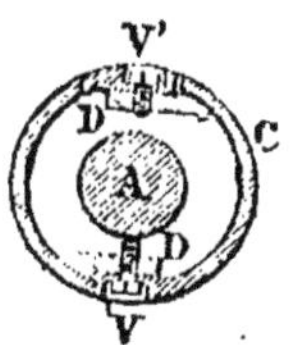

Fig. 384.

ne faudra pas hésiter à le faire. Lorsqu'on ne pourra pas les couper, il faudra les protéger par un couvre-clavette en fonte ou en bois, dont il existe plusieurs types (fig. 384).

Les bagues d'arrêt sont fixées sur l'arbre au moyen de vis de pression dont les têtes font souvent saillie ; elles sont alors très dangereuses, car elles peuvent accrocher soit les courroies, soit les vêtements du soigneur. Il faut les noyer dans l'épaisseur de la bague, de manière que toute saillie se trouve supprimée (fig. 385).

Arbres de transmission. — Nous avons dit que, même pour des arbres complètement lisses et pour lesquels toutes

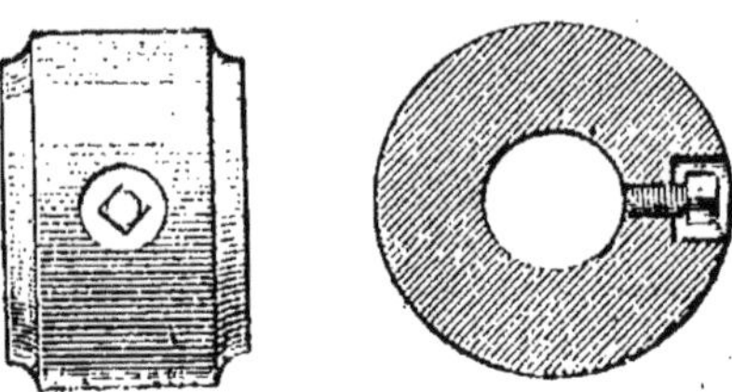

Fig. 385.

les prescriptions ci-dessus auront été suivies, il convenait d'empêcher tout contact possible avec un arbre en marche.

Lorsque celui-ci est placé à une certaine hauteur au-des-

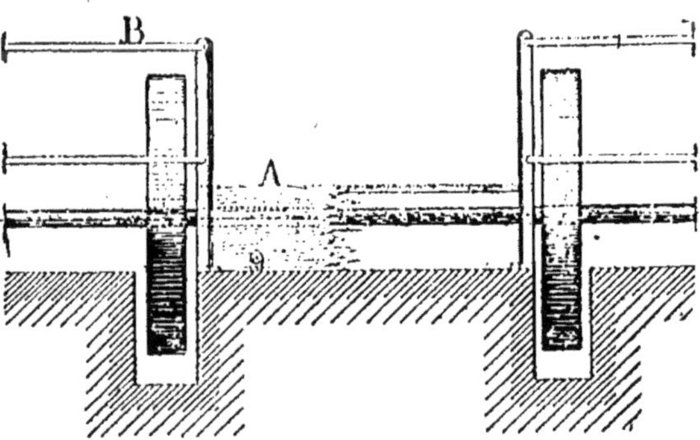

Fig. 386.

sus du sol, hors de la portée de l'ouvrier, il n'y a aucune précaution à prendre pour l'arbre lui-même ; mais il n'en est plus de même lorsque l'arbre se trouve à portée des ouvriers et que les exigences du travail ou de la simple circulation dans l'atelier sont susceptibles de les mettre en contact avec lui.

Quand l'arbre est *voisin du sol*, à une hauteur de 0 m. 30 à 0 m. 40, on le recouvre d'un tambour, en bois ou en tôle, solidement établi et qui l'isolera parfaitement : l'ouvrier franchira sans inconvénient cette gaîne fixe (fig. 386).

Si la distance de l'arbre au sol atteint 0 m. 50 à 0 m. 60, on emploiera le même dispositif, en agençant toutefois le tambour en escalier.

Dans le cas d'un arbre tournant à 1 mètre environ du sol, on l'isole par un garde-corps, solidement établi, qui en défend l'accès. En outre on prévoit, partout où il est besoin, des *passages* qui, selon les circonstances, seront supérieurs ou inférieurs, de préférence en panneaux pleins pour qu'aucun contact avec la transmission ne soit possible.

Pour des hauteurs variant de 1 m. 50 à 2 mètres, on les entourera d'un *fourreau* fixe empruntant les points d'appui que l'on pourra utiliser à cet usage.

Avec des transmissions en *sous-sol*, logées dans des caniveaux ou galeries en maçonnerie, la largeur doit être suffisante pour une circulation facile du soigneur ; cependant si la disposition des lieux nécessite que le contact avec les transmissions soit presque forcé, il devra être rigoureusement *interdit* au soigneur *d'y descendre pendant la marche;* c'est là surtout que le danger de prise serait grand et, l'homme isolé, que les conséquences d'un enroulement seraient terribles.

Les *arbres verticaux* sont très dangereux : ils saisissent par les parties flottantes des vêtements, les bouts des cravates ou des foulards et les femmes, surtout, sont exposées à cause de leurs jupes flottantes ou de leur longue chevelure. Il est donc indispensable d'entourer les arbres verticaux, au voisinage desquels on circule, d'une gaîne en bois ou en tôle, solidement établie et montant à une hauteur de 1 m. 80 à 2 mètres au-dessus du sol (fig. 387).

Poulies de commande. — Lorsque la poulie se trouve sur un passage ou que l'ouvrier, pour une cause quelconque, doit circuler autour d'elle, elle peut occasionner un accident; car, par suite d'un glissement, d'un faux pas,

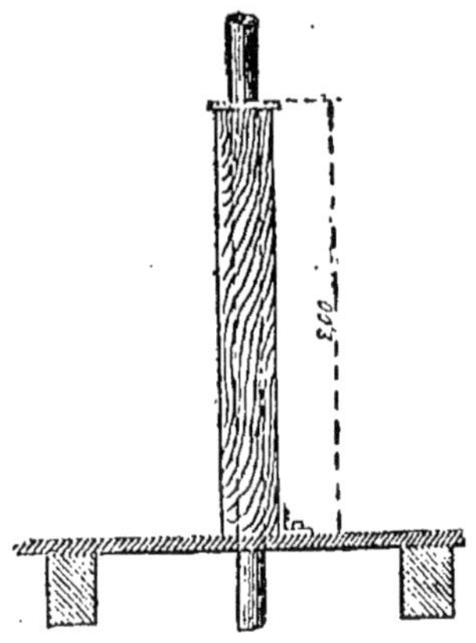

Fig. 387.

d'une manœuvre défectueuse, il arrive trop souvent que sa main, cherchant un point d'appui, vient s'engager dans les bras de la poulie en mouvement et est brisée.

Il est donc utile de protéger cette poulie en disposant devant elle un *garde-corps*, soit en panneau plein soit en grillage métallique, soit à barreaux assez rapprochés. Un autre système, qui a l'avantage de tenir moins de place que le garde-corps et qui protège aussi bien, consiste à remplir la poulie avec un *disque*, en bois ou en tôle, découpé au diamètre intérieur de la jante et fixé sur les bras par quelques vis à tête noyée; ainsi, la poulie est pleine et tout à fait inoffensive.

Le nettoyage d'une poulie s'effectuera avec une brosse montée sur une perche, en se plaçant de telle manière que les bras fuient vers la brosse et jamais en sens contraire. Quant aux *poulies folles*, susceptibles d'entraîner l'arbre par grippement, il y a lieu ou de les monter sur une

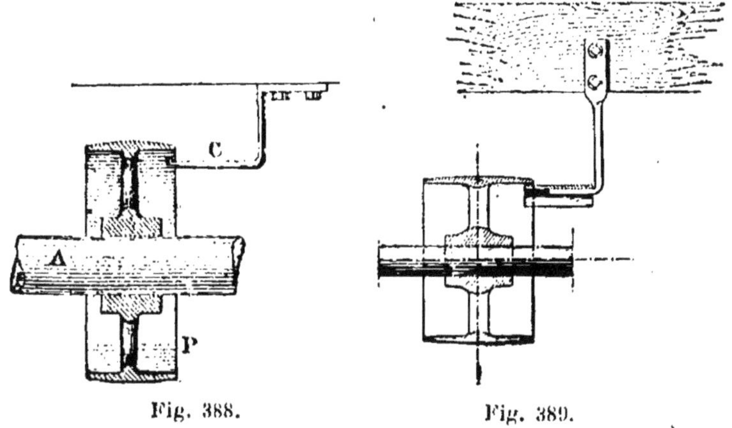

Fig. 388. Fig. 389.

douille ou un axe indépendants de l'arbre, ou de pratiquer un excellent graissage du moyeu, ce que l'on réalise par le graissage automatique, pour lequel on aura soin de ne pas se mettre en contact avec les organes en mouvement, pendant la marche.

Courroies. — Quelle que soit la matière dont elles sont formées, elles donnent lieu à nombre d'accidents et nécessitent les mêmes précautions. Une courroie jetée bas, qui repose sur l'arbre, est dans une situation dangereuse parce qu'elle est exposée à s'enrouler rapidement autour de la transmission, surtout quand le brin fuyant se plie sur l'arbre moteur et passe sur le brin arrivant.

On évitera le danger en empêchant la courroie de reposer directement sur l'arbre, par l'intermédiaire du *crochet* porte-courroie simple (fig. 388) ou à bande de tôle concentrique (fig. 389) ; afin que la courroie ne puisse tomber de l'autre côté de la poulie, on dispose une tige métallique aussi près que possible et en avant du côté d'attaque de la poulie par la courroie.

Le *maniement* des courroies doit être réservé à certains ouvriers spéciaux, auxquels l'habitude de ce travail a donné l'adresse indispensable.

Pour mettre en place une *courroie neuve*, non encore agrafée, par conséquent, on peut lancer l'un des bouts au-dessus de l'arbre en retenant l'autre extrémité dans la main; il y aura moins de chances d'enroulement si l'on opère en se plaçant de manière que le mouvement de l'arbre tende à ramener vers soi l'extrémité que l'on a lancée. Si on fait un rouleau du bout à projeter, le faire assez lourd pour que ce poids résiste au frottement de retour; on emploie encore la perche à crochet ou le crochet porte-courroie s'il en existe un.

Nous avons passé en revue la plupart des systèmes qui ont été ou proposés ou appliqués pour le *jonctionnement* des courroies; une seule considération doit fixer notre attention au point de vue spécial de la sécurité des ouvriers : la nécessité de ne pas avoir de saillie sur la courroie, car toute saillie est une cause d'entraînement (fig. 390).

Quoi qu'il en soit du système adopté, ne jamais faire la couture en laissant la courroie reposer directement sur l'arbre en mouvement; on s'expose à la voir s'enrouler sur la transmission; faire plutôt ce travail pendant les arrêts et, en tout cas, isoler soigneusement la courroie de l'axe en la suspendant au moyen d une corde ou en la maintenant isolée avec une perche pendant toute la durée de l'opération.

Mais tous ces procédés ont l'inconvénient de pouvoir être oubliés ou négligés car ils entraînent une perte de temps ou l'immobilisation d'un second ouvrier.

Aussi, dans quelques usines, emploie-t-on à cet effet une *perche spéciale* porte-courroie, analogue au crochet de nettoyage (fig. 391), munie d'une bande de tôle demi-cy-

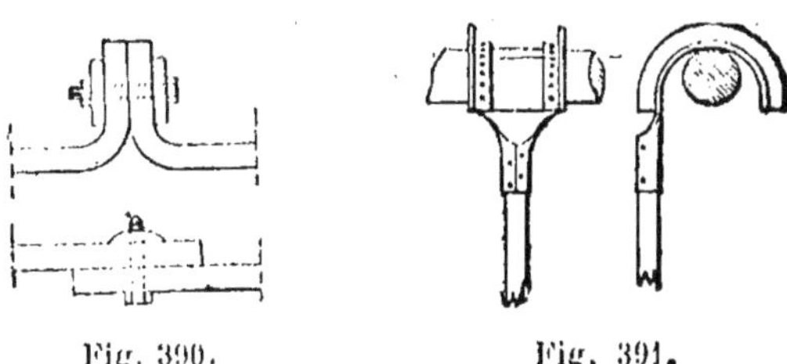

Fig. 390. Fig. 391.

lindrique avec des joues latérales, qui se suspend simplement à l'arbre et en isole la courroie.

Montage des courroies. — *Interdire* absolument de remonter une courroie *à la main* quand la transmission est en marche normale ; il faut, pour le moins, *réduire la vitesse* de l'arbre à quelques tours par minute, un homme se tenant toujours prêt à demander l'arrêt absolu au moindre signal de danger. Toutefois, comme cela entraîne une perte de temps et, également, parfois, une perturbation dans le travail en cours, le montage des courroies doit s'effectuer, lorsqu'il est possible, avec la *perche à crochet* (fig. 392 à 396) confectionnée à la fois légère et solide (frêne, sapin ou acacia).

Pour se servir de la perche à crochet, l'ouvrier se place devant et un peu sur le côté du brin arrivant, le saisit en dehors de la jante avec le doigt du crochet et amène la courroie au contact, en faisant faire un quart de tour à la perche, et en poussant à ce moment le bord de la courroie

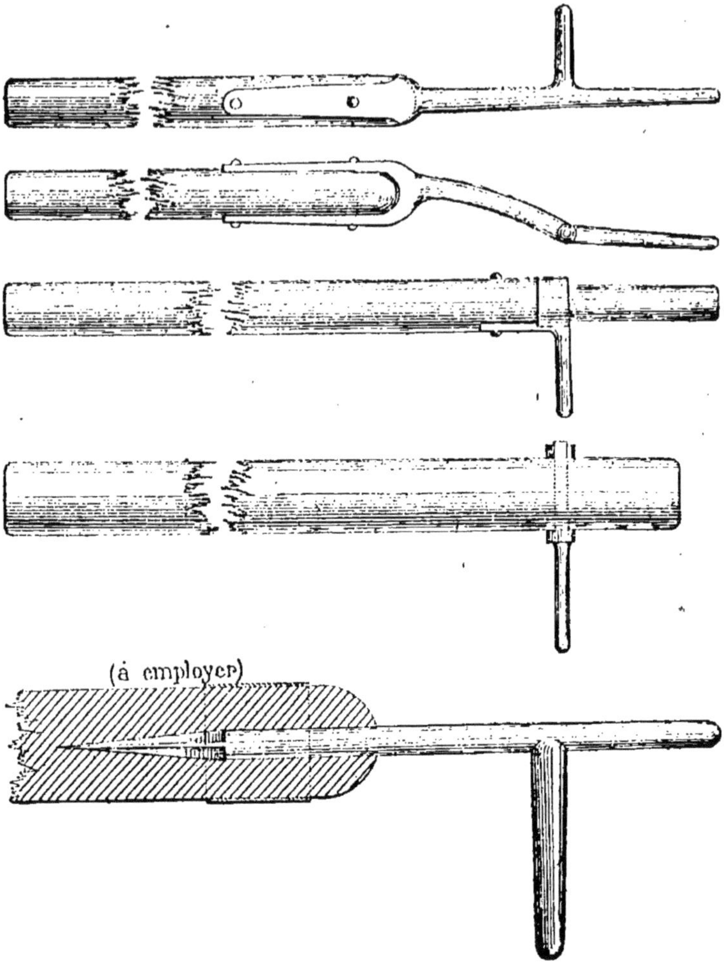

(à employer)

Fig. 392, 393, 394, 395, 396.

dans l'angle du doigt, ce dernier toujours en dehors de la jante.

Si l'on ne peut attaquer que le brin fuyant, on plac era la

courroie au point de contact en évitant la rencontre du doigt par les bras de la poulie et on suivra la courroie en faisant glisser le doigt sous la jante.

La *longueur* de la perche doit être telle que l'ouvrier soit forcé de la tenir sur le côté afin que si, par une fausse manœuvre, le doigt est saisi par les bras ou la courroie, l'extrémité opposée de la perche ne puisse l'atteindre au ventre ou à la poitrine. Cette longueur doit être à peu près

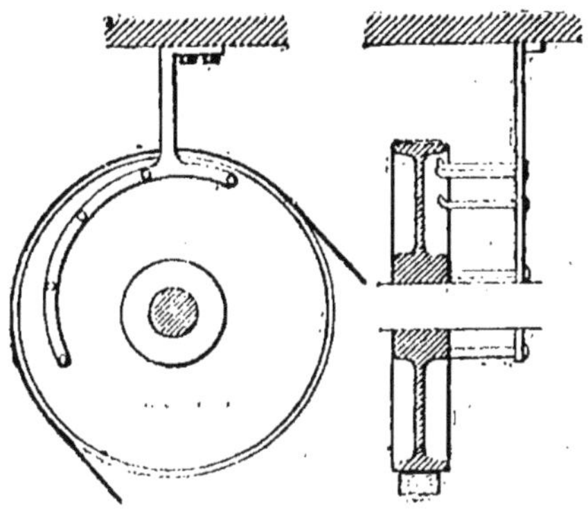

Fig. 397.

égale à la hauteur de la transmission au-dessus du sol de l'atelier.

La perche à crochet devient insuffisante dans le cas des courroies lourdes et tendues; son usage est cependant facilité par l'existence des porte-courroies et, particulièrement, de l'appareil *Biedermann*, avec lequel on remonte à la perche des courroies ayant jusqu'à 0 m. 22 de largeur (fig. 397).

Dans certains cas, en raison de la trop grande hauteur de la transmission, de la présence d'un mur, d'une colonne, d'une poutre, d'une disposition trop défavorable de la courroie, en un mot, on ne peut plus utiliser la perche à crochet; il faut alors soit arrêter la transmission et remonter la courroie à la main en appliquant une échelle contre l'arbre, soit, si l'on veut éviter les inconvénients de cet arrêt, disposer des *monte-courroie*, permettant de faire la manœuvre pendant la marche sans quitter le sol.

Nous ne décrirons pas ces appareils, renvoyant à la brochure citée le lecteur qu'ils pourraient intéresser, car un très grand nombre de types ont été proposés qui sont plus ou moins efficaces; les monte-courroies de *Baudoin*, de *Brancher* et de *Piat-Forest* paraissent être les seuls d'une application pratique et méritent d'être signalés.

Embrayages par poulies. — Il a généralement lieu par renvoi de mouvement en faisant passer la courroie de la poulie folle sur la poulie fixe par l'action d'une tringle à fourche que l'ouvrier manœuvre à l'aide de deux cordons pendant à portée de sa main; la présence de ces deux cordons est un inconvénient, car l'homme est exposé à se tromper, en cas de presse ou de trouble.

On a donc cherché à manœuvrer les tringles de renvoi par un seul cordon; tel est le cas de l'appareil *Étienne*, où une roue à crochet avec ressort de rappel en hélice ramène automatiquement la fourche en regard de la poulie convenable.

Pour déplacer une courroie sur des cônes ou poulies étagées, on a imaginé, aux ateliers d'Hellemmes (Nord), un débrayage dont la manœuvre sur les gradins se fait avec les deux mains à la fois, l'ouvrier agissant haut et bas du côté respectif de l'enroulement.

Quand il est nécessaire, pendant la marche, de graisser les courroies ou de les enduire d'une matière adhérente, on mettra la graisse ou l'enduit sur une brosse à manche que l'on appuiera sur le brin fuyant; le manche ne doit pas être muni de cordon d'attache où l'ouvrier puisse passer la main.

Il est bon de protéger les courroies au contact desquelles on peut se trouver fréquemment, surtout quand elles traversent un plancher ; on les entoure d'une gaîne en bois ou d'une balustrade ; celles qui sont horizontales ou presque seront isolées par un couloir ou une gouttière de bois, de tôle ou à barreaux d'échelle.

Les mêmes précautions peuvent s'appliquer aux câbles de transmission, dont on surveillera attentivement les poulies à gorge, sujettes à se voiler et, par usure, à provoquer la rupture du câble assez rapidement.

Engrenages. — La plupart des précautions indiquées ci-dessus doivent être prises au point de vue du nettoyage et du graissage ; les couvre-engrenages doivent être faits avec soin pour ne pas aller à l'encontre du but que l'on se propose ; les meilleurs sont ceux qui excluent toute possibilité d'être saisi par les dents et par les rayons de la roue dentée ; quand ils ne sont pas en fonte, tôle ou bois à parois pleines, les intervalles doivent être assez rapprochés pour que les doigts ne puissent passer au travers.

Il est préférable qu'ils soient fixes ou au moins articulés à charnières, afin d'ôter aux ouvriers la tentation de les retirer pour un nettoyage et de ne pas les remettre en place.

Arrêt rapide des transmissions. — Il est très utile d'avoir à sa disposition un système permettant d'arrêter *très rapidement* une transmission sans être obligé, en cas d'accident, de courir jusqu'à la chambre du moteur, intervalle de temps largement suffisant pour que l'accident soit irréparable.

L'arrêt rapide du moteur ne donne pas complète satisfaction, loin de là, et il vaut mieux *agir immédiatement sur la transmission;* pour le même motif, il est préférable de débrayer individuellement chaque arbre de transmission, qu'il soit dans le même atelier ou à un étage différent ou dans une autre partie de l'usine.

De plus, en raison de l'inertie des masses en mouvement, la rotation peut continuer alors même que la transmission n'est plus actionnée. On combinera, par conséquent, le débrayage avec l'énergie d'un frein serrant une poulie spéciale de l'arbre dont il est question.

On peut employer, pour isoler les transmissions, les appareils dont nous avons parlé à propos de l'assemblage des arbres; leur manœuvre sera plus judicieuse si on peut la commander à distance comme, par exemple, par une transmission électrique.

Il faut donner la préférence, à part la question de sécurité du personnel, à ceux qui ne sont pas à entraînement brusque car, avec les autres, il y a forcément des chocs violents, d'où des dislocations et des ruptures; les embrayages à friction sont, sous ce rapport, incontestablement supérieurs à tous les autres (fig. 364, 365 et 366).

Ouvriers soigneurs. — En raison des dangers que présentent les transmissions, leur soin et leur entretien ne doivent pas être confiés au premier ouvrier venu ; il faut charger de ce travail, délicat et important, des hommes spéciaux et expérimentés et *interdire* formellement à tous les *autres ouvriers* de s'en occuper.

Autant que possible, ces soigneurs ne se mettront en *contact* avec la *transmission* que lorsqu'elle sera *arrêtée;* ils ne porteront pas de vêtements larges et flottants, ni de cravates et foulards à bouts flottants, ni de tabliers ; leur costume se composera d'une veste serrée à la taille, à manches étroites et *boutonnées.*

En toutes occasions, même petites, ils apporteront une grande prudence et une grande attention dans leur travail.

Lorqu'ils sont occupés à la transmission durant les heures de repos ou le matin avant la mise en marche, le contremaître et le *mécanicien* seront prévenus, et ce dernier ne devra, dans tous les cas, mettre en marche que sur l'ordre exprès du contremaître dûment averti que le soigneur a terminé ou interrompu sa besogne.

CHAPITRE CINQUIÈME

TRANSMISSIONS MOBILES

Nous avons expliqué que nous entendons par cette dénomination arbitraire les transmissions flexibles et les appareils de levage, organes ou engins auxquels le mouvement n'est communiqué, en des points très divers d'un atelier, qu'en des circonstances intermittentes.

Flexibles. — Ce système tout récent de transmettre l'énergie d'un arbre à un autre ou à un outil se plie à toutes les exigences du travail et constitue un très grand progrès dans la construction et le montage de bien des appareils; il est des plus commodes et, supprimant de nombreux axes intermédiaires où le frottement absorbe plus ou moins l'effort développé, il apporte une augmentation sensible du rendement des opérateurs et, par suite, une économie considérable de la force motrice d'un atelier ou d'une usine.

Il est généralement formé par la superposition de ressorts à boudins concentriques aussi rapprochés que possible par des moyens mécaniques; on enroule les spirales en sens contraire (fig 398 et 399) afin qu'il puisse supporter les efforts de torsion dans les deux sens,

Diamètres en millimètres.

FORCE	NOMBRE DE TOURS DES ARBRES FLEXIBLES						
	100	200	400	600	1 000	1.200	2.000
Kgm	m/m	m/m	m/m	m/m	m/m	m/m	m/m
10	25	20	12	10	10	10	8
20	35	30	25	20	15	15	10
50	50	40	35	30	20	20	12,5
Chev.							
1	60	45	35	10	25	25	15
2		60	45	40	30	30	20
3		70	55	45	40	55	30
5			65	60	50	40	35
8				70	55	50	40
10					60	55	45
15					70	65	50

Plus la cohésion entre les spires est considérable, moins il y a de jeu et, par conséquent moins de chances de rupture; afin qu'ils ne se nouent pas quand ils travaillent dans

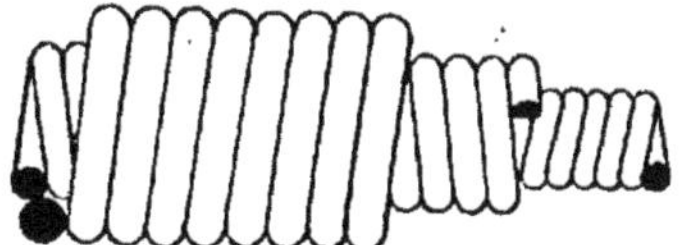

Fig. 398.

Fig. 399.

un sens, avec tendance à se désagréger dans l'autre, il est préférable de les faire creux, ce qui les empêche de travailler par torsion de l'âme. Le graissage se fait alors par l'intérieur du flexible.

L'arbre est entouré d'une enveloppe lorsqu'il doit pouvoir être tenu à la main ou garanti du contact d'autres objets.

Non seulement les câbles flexibles peuvent effectuer tout travail en n'importe quelle position ; mais, en outre, ils régularisent, par leur élasticité, les à-coups dans les marches irrégulières au lieu de les provoquer comme dans d'autres modes de transmission (joints à la Cardan, entre autres).

Les forces les plus usuelles pour lesquelles on les fabrique varient depuis quelques kilogrammètres jusqu'à 15 et 20 chevaux et ils sont surtout avantageux pour des vitesses un peu considérables de marche.

Il faut prendre le soin, dans leurs applications, de les empêcher de former un angle à trop petit rayon et il est bon de les soutenir lorsque leur parcours est un peu considérable.

L'extrémité, destinée à recevoir l'outil ou la liaison avec un renvoi de mouvement, est soudée et agencée solidement pour que les spires ne se déroulent pas, présentant de plus la forme d'un porte-outil où un mandrin, par exemple, puisse se monter.

Leurs principaux emplois se rencontrent dans les perceuses, les taraudeuses et aléseuses, les polissoirs, les appareils à affûter de tous systèmes, les meules, etc., etc. Ils sont très utiles pour le nettoyage des tuyaux des chaudières et le forage des trous de mine.

Les figures 400 à 404 montrent, sans plus de commentaires, la diversité de leurs types d'installation et le parti qu'on peut en tirer et ils n'ont de comparables que les *transmissions électriques*, dont nous n'avons pas à nous occuper ici, mais dont nous dirons cependant qu'elles sont moins économiques ; en outre elles ne sont généralement pas mobiles.

Appareils de levage. — Les plus simples sont les *crics* à engrenage, où la tige est une crémaillère engrenant avec

Fig. 400.

un ou deux engrenages, avec cliquet d'arrêt, sur lesquels on agit à l'aide d'une manivelle.

Les *vérins*, dont la tige est une vis, peuvent être ma-

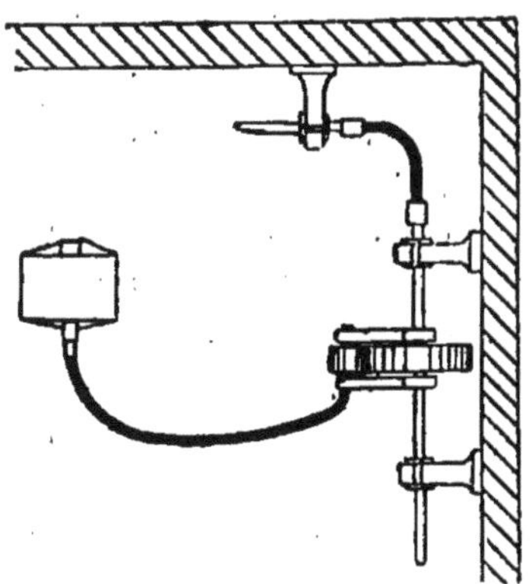

Fig. 401.

Fig. 402.

nœuvrés par une roue à rochet qu'actionne un levier ou par une roue hélicoïdale sur laquelle on agit par une vis tournant sous l'impulsion d'une manivelle.

Ces engins absorbent, en frottement, une grande partie de la force motrice, plus de moitié.

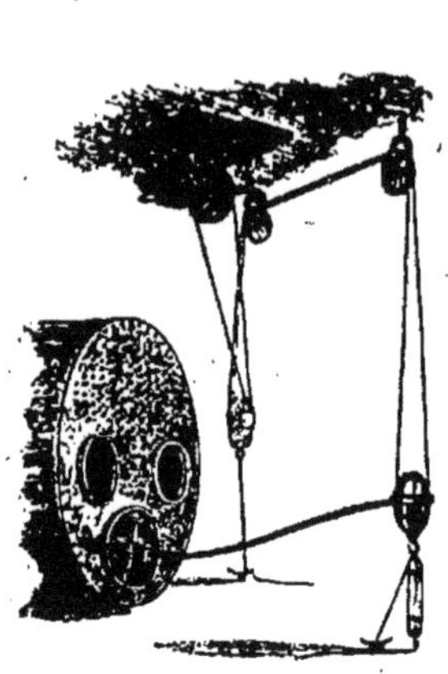

Fig. 403.

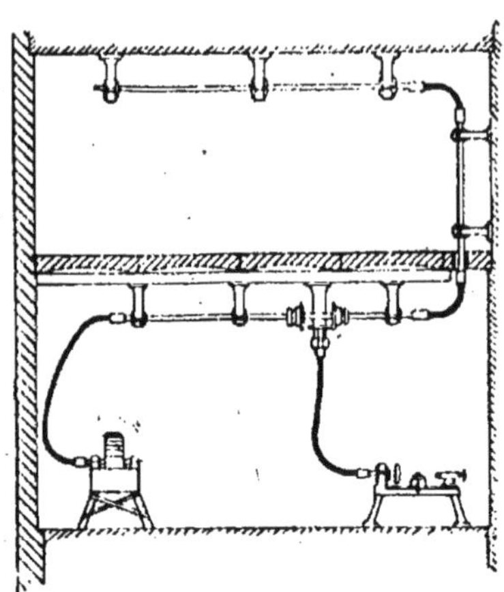

Fig. 404.

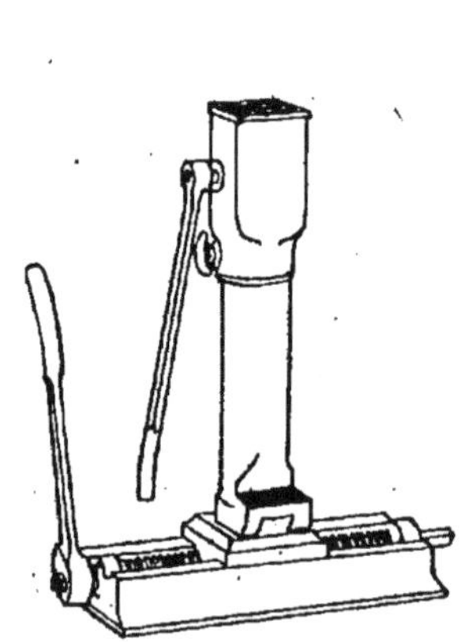

Fig. 405.

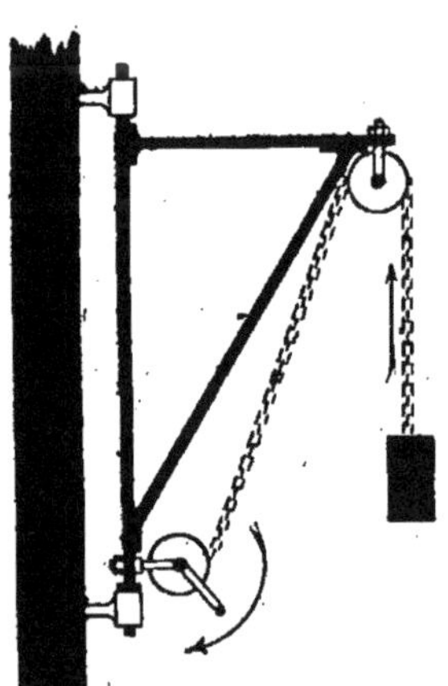

Fig. 406.

Le *vérin hydraulique* (fig. 405) est, en réalité, une presse hydraulique; sa manœuvre est plus commode et d'une plus grande sécurité; on y contrebalance les effets de la gelée en mettant de la glycérine dans la tête du cric.

Lorsque les fardeaux ont besoin d'être transportés latéralement, on monte ces crics sur un bâti analogue aux bancs de tour et on les déplace au moyen d'une vis mise en mouvement par une paire de roues d'angle.

Les *treuils* se font à simple ou double engrenage et sont munis d'un frein sur l'arbre intermédiaire ou sur celui du tambour, avec cliquet de sûreté simple ou double.

Les éléments du treuil appliqués à des engins plus importants donnent à l'industrie la classe des *grues* et celle des *ponts roulants*.

Grues. — Elles servent à soulever les fardeaux et à les transporter, d'abord, circulairement; ces grues peuvent, elles-mêmes, être transportables; il faut en ce cas, un sol parfaitement plan et résistant; le plus souvent, elles se déplacent sur des rails.

Parmi celles qui sont fixes, on distingue les grues à point d'appui supérieur et celles sans point d'appui supérieur; ces dernières s'engagent ordinairement dans le sol ou sur un bâti solide résistant au mouvement de bascule qui tend à se produire sous l'effet de la charge.

En principe (fig. 406), une grue se compose de 3 parties : l'*arbre*, qui est la pièce verticale; le *tirant*, qui est horizontal ou incliné, selon les cas, placé au-dessus de la *volée* qui réunit les deux premières. La manœuvre s'effectue à bras ou par transmission ou par commande à vapeur, etc.

Le fardeau est soulevé par une chaîne, une corde, un câble qui passe au-dessus de la poulie de tête et qui va s'enrouler sur un tambour disposé de diverses façons; dans les fonderies, en particulier, la portée est ordinairement variable et, dès lors, la poulie de tête fait partie d'un chariot, mobile sur le tirant, que l'on manœuvre indépendamment du mouvement de levée.

Quand la grue est en bois, on ne doit l'employer que dans des endroits couverts, car l'eau et l'influence des agents atmosphériques finissent par pourrir les assemblages. En outre elle est sujette aux incendies; il est donc préférable de faire des grues métalliques; celles en fonte ont l'inconvénient de pouvoir rompre brusquement.

Toutes les combinaisons de métaux et de matières, dont on fait une *grue à point d'appui supérieur*, sont possibles dans ces appareils, dans le détail desquels nous ne pouvons entrer; ce que l'on doit veiller à entretenir, à part les organes de soulèvement et de déplacement, ce sont la crapaudine et le tourillon supérieur que l'on fait quelquefois tourner entre des galets de roulement. Surtout dans le maniement des poids maximum, il faut éviter toutes les secousses brusques résultant de la torsion des chaînes quand elles passent sur les noix des roues.

Avec les chaînes Galle, on a plus de déformations à craindre que dans les chaînes ordinaires à maillons; la rouille est également à redouter dans les jonctions et, enfin, il peut arriver qu'un maillon fatigue plus que d'autres.

Les *grues indépendantes* décrivent un cercle entier autour de leur pivot, mais l'arbre n'est plus relié à la charpente ou à l'ossature de l'atelier : il est maintenu en équilibre sur une partie de sa hauteur, soit dans un puits existant en contre-bas du sol, soit entre des points d'appui extérieurs mais toujours situés en contre-bas de la volée.

Parfois la nature du sol nécessite qu'on fasse un cuvelage en fonte; par des brides intérieures et des cercles de frottement on s'oppose au renversement de la grue en intéressant ainsi un poids considérable à contrebalancer l'effort en porte-à-faux de la charge à soulever; entre la crapaudine et le plateau au ras du sol on fait un massif en maçonnerie, consolidé par des tirants s'opposant à tout écartement.

De même que dans les grues à colonne, tous les organes se calculent en raison de la résistance qu'ils doivent présenter pour supporter sans fatigue l'effort dû à la pesanteur ; ceux du treuil sont obtenus en considérant les vitesses possibles avec le genre du moteur : hommes, transmissions ou machine motrice spéciale ; dans ce dernier cas on la place à l'opposé de la volée, afin de l'équilibrer en partie.

Le mouvement de rotation s'obtient à la main ou mécaniquement par des engrenages appropriés ; mais il faut alors, dans la manœuvre, interrompre en temps convenable l'action sur la roue dentée fixée au pied, car l'inertie continue toujours quelque peu à prolonger à vide la vitesse acquise.

Quelques constructeurs ont utilisé la pression atmosphérique ou celle de l'eau ou de l'air comprimé pour pousser un piston sur l'autre face duquel on maintient une pression moindre ; ce piston est relié à la chaîne de traction et se meut dans un cylindre plus ou moins long ; pour réduire la course, on fait usage de systèmes analogues aux moufles et palans et la vitesse est réduite en proportion. Il est évident qu'il faut se prémunir contre la gelée, surtout dans les pays froids.

Avec les *grues portatives* et locomobiles, montées par exemple sur chariot roulant, on obtient un déplacement sur toute la longueur d'un atelier et même au delà ; on peut les maintenir en équilibre par un contre-poids fixe ou mobile placé de l'autre côté du poids et, quelque système que l'on adopte, il est indispensable que l'assiette du chariot soit parfaitement assurée.

On fait aussi des grues à double volée ; certaines autres ont une portée variable et symétrique grâce à un dispositif permettant aux volées de tourner autour de leur point de réunion avec l'arbre.

Toutes ces dispositions sont heureuses et remplissent bien le but pour lequel on les a imaginées ; mais elles ont l'inconvénient commun d'exiger une surface de déplacement qui serait certainement plus utilement occupée par des opérateurs ou par telles exigences, dans le plan de l'usine, et on leur préfère aujourd'hui les treuils, chemins ou ponts roulants, placés à la partie supérieure des ateliers et qui opèrent les transports dans de bien meilleures conditions.

Ponts roulants. — Dans leur plus simple expression, ce sont des treuils pouvant se mouvoir sur une plate-forme dans une direction rectiligne qui, elle-même, peut recevoir un mouvement dans un sens perpendiculaire à sa longueur ; ils se classent en :

1° Treuils roulants simples ;

2° Treuils roulants sur charpente mobile ;

3° Treuils roulants du système Nepveu ;

4° Treuils roulants à vapeur et analogues.

Les *treuils simples* sont toujours mus à bras ; ils voyagent ordinairement sur deux poutres longitudinales à une certaine hauteur du sol, et portées par les murs ou colonnes du bâtiment ; la charge est sur le côté, en bascule si les longerons sont parallèles aux murs ou entre les deux lorsqu'ils sont calculés pour franchir la largeur de l'atelier.

Les *ponts roulants* constituent une généralité des engins précédents ; les longerons sont mobiles et reposent, par exemple, sur des rails scellés dans les parois verticales ou fixés sur la charpente, colonnes ou poteaux ; des roues se déplacent sur ces rails et leurs axes font partie des longerons latéraux.

La manœuvre peut avoir lieu de diverses façons ; tantôt on l'exécute du sol même de l'atelier par des poulies différentielles dont les brins sont à la portée des hommes de peine ; tantôt elle se fait au niveau de la charpente mobile, ce qui est préférable ; d'autres fois encore elle est commandée par la transmission au moyen d'embrayages communiquant la force au treuil ou à l'ensemble du pont.

La précaution principale qu'il faut prendre, dans l'installation de ces appareils et aussi dans leur manœuvre, consiste à assurer aux deux extrémités du pont un déplacement rigoureusement égal ; sinon il résulte, de l'obliquité même légère de ses flasques sur les chemins de roulement, un coincement qui se traduit par des vibrations appréciables de l'ensemble.

Cet effet est d'autant plus à redouter que, quelquefois, les rails ou les fers sont entraînés dans les tassements des constructions ; il sera bon de vérifier leur position qui doit être rectiligne et parallèle et de parer à l'usure inégale des organes de translation.

Le treuil *Nepveu* et ses dérivés ne s'emploient que lorsqu'on dispose d'une charpente supérieure solide ; le fardeau est soutenu directement par deux galets de roulement et le treuil se place à la partie inférieure d'une sorte de volée équilibrée par un contre-poids ; cet ensemble peut pivoter aussi bien dans un plan vertical que dans un plan horizontal et on lui donne du sol, par simple poussée, le mouvement de translation selon la direction du chemin de roulement des galets.

Les *treuils* roulants *à vapeur* ne sont qu'une variante des systèmes précédents où l'on remplace la force musculaire ou mécanique par l'énergie d'un moteur ; ils s'emploient surtout dans les grands travaux ou sur les berges des ports.

FIN

TABLE DES MATIÈRES

DE LA QUATRIÈME PARTIE

PREMIÈRE PARTIE

Engrenages.

DEUXIÈME PARTIE

Transmissions.

ÉMILE COLIN, IMPRIMERIE DE LAGNY (S.-&-M.)

Librairie Bernard Tignol,

53 bis, Quai des Grands-Augustins

Téléphone 275.00

Électricité

INDUSTRIES DIVERSES

Arts et Manufactures — Chimie Industrielle

PREMIÈRE PARTIE

Ces livres sont envoyés franco, joindre à la demande le montant en un mandat-poste

Nous fournissons également tous les ouvrages de Science, Industrie, Littérature, etc., qui ne figurent pas dans nos Catalogues.

La Maison se charge de publier à son compte ou à celui des Auteurs tous les ouvrages se rattachant à sa spécialité

1903

PARIS

Librairie Bernard TIGNOL

PUBLICATIONS DE LA

LIBRAIRIE de L'ÉCOLE CENTRALE des ARTS et MANUFACTURES

53 *bis*, Quai des Grands-Augustins, 53 *bis*

Accumulateurs (Voir ÉLECTRICITÉ, PILES).

Les Accumulateurs électriques. Nouvelle édition, par F. CACHEUX, ingénieur-électricien. — 1 vol. in-16 avec figures dans le texte, 1901. — Prix . . . . 4 fr.

TABLE DES CHAPITRES. — Description et mode d'emploi des piles secondaires. — Les accumulateurs anciens et nouveaux. — Montage des éléments et choix du local pour les accumulateurs. — Charge et décharge. — Les accidents : leurs causes et leurs remèdes. — Résumé.

Acétylène.

L'Acétylène et ses Applications, l'Incandescence par le Gaz et le Pétrole, par F. DOMMER, ingénieur des Arts et Manufactures, professeur à l'École de physique et de chimie industrielles de la Ville de Paris; 1 beau vol. in-16, 220 fig. — Prix. . 4 fr. 50

Après une théorie élémentaire de la lumière, l'auteur aborde la description, peu connue, des minéraux dont les oxydes sont utilisés à produire l'incandescence : thorite, orangite, monazite, et traite ensuite avec une grande compétence les appareils à incandescence, à combustion complète, de Siemens, Bandsept, Denayrouse et Aüer, etc.

La seconde partie, la plus importante de cet ouvrage, est entièrement consacrée à l'*Acétylène*, le nouveau et déjà célèbre concurrent du gaz et de l'électricité. Tout ce que nous savons à ce jour sur l'acétylène, préparation de carbure de calcium, emploi dans l'éclairage, lampes mobiles, régulateurs, application à la carburation du gaz, à la traction, aux produits chimiques, alcool, etc., est décrit minutieusement.

Acide sulfurique.

Fabrication de l'Acide sulfurique. Procédés de contact, par E. PETITGOUT, in-16, 10 figures, 1902. — Prix. . . . . . . 1 fr. 50

Aérostation.

Manuel pratique de l'Aéronaute. Étoffe.— Couture.— Filet. — Soupape. — Nacelle. — Lest. — Guide-rope. — Courants. — Observations. — Descente, etc. — Par W. DE FONVIELLE; in-16, figures. — Prix . 5 fr.

3,000 kilomètres en Ballon, par Maurice FARMAN, 1 volume in-8° illustré de nombreuses figures. — Prix. . . . . 3 fr. 50

Machines aériennes d'aluminium (Fusairs et Uranes), par CONST. FONTANA, in-16 avec figures. — Prix . . . . 1 fr. 50

Aérostation. Construction, description et direction des ballons, par MIRET, in-8°, 58 pages, 37 figures. — Prix . . . . 2 fr. 50

Agriculture.

Petite Encyclopédie d'Agriculture, publiée sous la direction de M. A. Larbalétrier, professeur à l'École d'Agriculture de Grand-Jouan. Chaque ouvrage forme un volume in-16 avec nombreuses figures dans le texte. Les 10 volumes ensemble. Prix : **15** fr.

Les Engrais. Engrais chimiques. — Engrais naturels. — Engrais composés. — Formules. — Besoins des Plantes. — Analyse des Engrais par F. Legrand, 19 figures. — Prix . . . . **1 fr. 50**

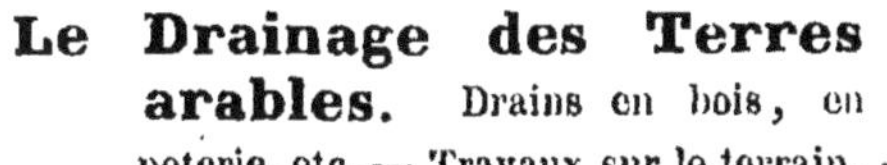

Le Drainage des Terres arables. Drains en bois, en poterie, etc. — Travaux sur le terrain. — Drainages spéciaux. — Fonctionnement. — Avantages, par A. Larbalétrier, 29 figures. — Prix. **1 fr. 50**

Élevage du Bétail. Chevaux.—Bœufs.—Vaches.—Moutons.—Porcs, etc. par Em. Darbory, propriétaire-éleveur, 55 figures . . . . **1 fr. 50**

Nos Légumes et nos Fleurs. Caractères. — Variétés. — Culture. — Maladies, etc., par E. Faveri et A. Larbalétrier, 56 figures. **1 fr. 50**

Laiterie, Beurre et Fabrication des Fromages. Lait. — Analyse. — Conservation. — Écrémage. — Barattage. — Conservation. — Fromages mous, frais, affinés, cuits, etc., par E. Rigaux professeur à l'École d'Agriculture de Mende, 320 pages, 73 figures . . . . **3 fr.**

Machines agricoles et Constructions rurales. Charrues. — Herses. — Semoirs. — Faucheuses. — Moissonneuses. — Lieuses. — Batteuses, etc. — Constructions : Écuries. — Bouveries. — Étables, in-16, nombreuses figures, par G. Ménul, 112 figures. — Prix. . . . . **1 fr. 50**

Céréales et Fourrages. Culture pratique. — Froment. — Seigle. — Orge. — Avoine. — Sarrasin. — Trèfle. — Betterave, etc., par A. Larbalétrier, 51 figures . . . . **1 fr. 50**

Arbres fruitiers et la Vigne. Fumure. — Conduite. — Multiplication. — Variétés : Abricotier. — Amandier. — Cerisier, etc. — La Vigne. — Cépage, Culture, Accidents, Maladies, par P. d'Aygalliers, 46 figures. . . . . **3 fr.**

Cidre, Poiré et Boissons économiques. Culture du pommier et du poirier. — Fabrication du cidre et du poiré. — Maladie du cidre, remèdes. — Eaux-de-vie. — Vinaigre. — Conservation des fruits. — Vins de Dattes, Figues, Poires, Pommes tapées. — Vins de fruits frais, Cerises, Prunes, Framboises, Groseilles, etc., 24 fig., par E. Rigaux. **1 fr. 50**

Volailles, Lapins et Abeilles. Poules. Élevage, Incubation, Engraissement, Pintades, Dindons, Oies, Canards, Pigeons. — Lapins. Elevage, Alimentation. — Abeilles. Colonies, Nourriture, Rucher, Essaimage, Ruche, Récolte du miel, par E. PARADIS et A. MONTOUX, 52 fig. — Prix. 1 fr. 50

Conserves alimentaires. Fruits, Légumes, Poissons et Viandes, par DE NOTER; 1 beau volume in-16, 67 figures. — Prix . . . . . . 3 fr.

Fabrication de l'alcool; Distilleries agricoles, par E. ROBINET et G. CANU; 1 vol. in-16, 55 figures, cartonné. — Prix 3 fr.

La Vaccination charbonneuse, d'après PASTEUR, par CH. CHAMBERLAND; in-8°, 10 figures, cartonnage toile. — Prix. . . . . 5 fr.

Aluminium.

L'Aluminium. Nouveaux procédés de fabrication. — Alliages. — Emplois récents de l'aluminium. — Par Ad. MINET, ingénieur-électricien; 2 volumes in-16, figures dans le texte. — Prix. . . . . 9 fr.

On vend séparément :

1re PARTIE : Fabrication. — Prix. . . . . 4 fr. 50

2e PARTIE : Alliages, Emplois. — Prix. . . . . 4 fr. 50

Ammoniaque

L'Ammoniaque, ses nouveaux Procédés de Fabrication et ses Applications. L'Ammoniaque. — Ses sels ammoniacaux. — Propriétés physiques. — Fabrication. — Travail des Eaux ammoniacales. — Analyse de l'Ammoniaque. — Des Sels ammoniacaux. — Des Matières premières. — Dosage dans les Eaux. — Applications. — Production et Consommation. — Brevets. — Par P. TRUCHOT, ingénieur-chimiste; in-16, figures. — Prix. . . . . 6 fr.

Architecture et Constructions.

Aide-Mémoire de poche de l'Architecte et de l'Ingénieur-Constructeur, pour le calcul des Constructions. — Formules usuelles. — Fondations. — Poutres. — Planchers en fer et en bois. — Calcul des Formes. — Maçonnerie. — Hydraulique. — Électricité. — Chauffage. — Escaliers, etc. — Tables. — Par Ch. SÉE, ingénieur-architecte; 1 volume in-16, avec figures, cartonné, toile anglaise. — Prix. . . . . 4 fr. 50

Tables à l'usage des Constructeurs, donnant, par la connaissance de la corde et de la flèche, le rayon, l'angle au centre, etc. — Par L. SERGENT, in-12 (1882). — Prix. . . . . 1 fr. 50

Les Cheminées d'usines. Constructions. — Réparations, par Victor Lefèvre, ingénieur civil ; 1 volume in-16 de 48 pages, avec 13 figures dans le texte. — Prix . . . . **1 fr. 50**

La Tour Eiffel de 300 mètres de l'Exposition Universelle. — Historique et Description ; par Max de Nansouty, ingénieur 1 volume in-16 de 140 pages; nombreuses figures. — Prix. . . **2 fr. 50**

Arpentage.

Manuel pratique d'Arpentage et de levé des Plans, par G. Dallet, du Service géographique de l'Armée, 1 volume in-16, 73 figures dans le texte. — Prix. . . . . **4 fr.**

Automobiles (Voir Chauffeurs).

Manuel pratique du Constructeur d'Automobiles à pétrole, par Maurice Farman. — Un beau volume in-16, avec 65 figures dans le texte et un atlas de 20 planches in-4°, 1901. — Prix **9 fr.**

La fin de l'Exposition universelle a marqué l'entrée de l'automobilisme dans une seconde période qui permet enfin la publication d'un ouvrage mis au courant des derniers progrès accomplis et donnant, pour les plus importantes marques, les détails de construction de la voiture automobile et le montage du moteur.

Le livre de M. Maurice Farman sera aussi utile aux constructeurs et aux propriétaires qu'aux nombreux mécaniciens qui sont chargés journellement d'exécuter les réparations urgentes.

Manuel du Conducteur-Chauffeur d'Automobiles, par Maurice Farman. — Achat d'une Automobile. — Moteurs — Carburation — Allumage. — Transmissions. — Freins. — Essieux. — Roues. — Différents types : Panhard, Peugeot, Mors, Roger, Huguet, Gautier, de Dietrich. Moteurs Aster, Motocycles, etc. — Tricycles de Dion, Bollée, etc. — Excursions. — Réglementation. — In-16, 67 figures, 2me édition. — Prix. . . . **3 fr.**

Bière.

Manuel pratique de la Fabrication de la Bière, par P. BOULIN, chimiste-industriel; un gros volume in-16, avec figures dans le texte et une planche (plan d'une grande brasserie). — Préparation du malt. — Brassage. — Le moût. — Houblonnage. — Fermentation. — Levure. — Mise en levain, etc. — Les fûts. — Caves. — Clarification. — Diverses méthodes de brassage. — Analyse. — Falsification, etc. — Prix. 9 fr.

Tables du degré de fermentation et du rendement en extrait donnés immédiatement sans calcul, par Jean STAUFFER, professeur à l'École de brasserie de Munich. 1 grand volume in-8° de 964 pages. Cartonné toile. — Prix. . . . 10 fr.

Bois et Arbres.

Conservation des Bois. Séchage rapide, imputrescibilité et ininflammabilité des bois, par P. DUMESNY, in-16 avec figures, 1902. — Prix. 1 fr. 50

Arbres fruitiers et la Vigne. Fumure. — Conduite. — Multiplication. — Variétés : Abricotier. — Amandier. — Cerisier, etc. — La Vigne. — Cépage, Culture, Accidents, Maladies, par P. D'AYGALLIERS, 48 figures. — Prix . . . . 3 fr.

Traité de Sylviculture générale. Culture, Aménagement et Gestion des Forêts, par Alexis FROCHOT, sous-inspecteur des Forêts. — 1 volume in-8°, 264 pages, 41 figures. — Prix . . . . 10 fr.

Bougies (Voir SAVONS).

Théorie et pratique de la Fabrication des Bougies, des Chandelles et Savons de Toilette, par Léon DROUX et V. LARUE, ingénieurs-chimistes ; in-8° de 592 pages, 108 figures dans le texte et un atlas de 19 planches in-4°, cartonnage toile anglaise.

Cet ouvrage doit être considéré comme un *vade-mecum* indispensable pour tous ceux dont l'industrie a pour base les matières grasses : fabricants d'acides gras, huiliers, stéariniers, chandeliers, savonniers et parfumeurs, etc. Sous une forme condensée, on y trouve, avec les renseignements les plus complets, les études théoriques et pratiques sur les matières premières, l'outillage, la fabrication, les progrès réalisés dans chacune de ces industries. — Prix. . . . . 20 fr.

Briques et Tuiles.

Guide du Briquetier : Briques, Tuiles, Carreaux, Tuyaux et autres produits en terre cuite, par Émile LEJEUNE, ingénieur-industriel ; 3me édition contenant 219 figures dans le texte. — Prix. 8 fr.

Fabrication des Briques et des Tuiles, suivie de la fabrication des pierres artificielles, des poteries communes, Porcelaines et Faïences, par MM. BONNEVILLE, JAUNEZ et SALVÉTAT, 3me édition, 29 figures et 11 planches, cartonné toile anglaise. — Prix. . . . . 10 fr.

Chaleur.

La Chaleur. Leçons élémentaires sur la thermométrie, la calorimétrie, la thermodynamique et la dissipation de l'énergie, par J. Clerk Maxwell F. R. S., édition française d'après la 8me édition anglaise, par G. Mouret, ingénieur des ponts et chaussées, avec préface de M. A. Potier, membre de l'Institut, in-16, figures dans le texte. — Prix. . . . . 6 fr.

Chauffeurs (Voir Automobiles, Mécanique et Machines).

Catéchisme des Chauffeurs et des Machinistes, traitant de la législation, de la combustion, de l'entretien, de la conduite des machines, mise en marche, description des organes, arrêt, machines spéciales, chaudières, foyers, appareils de sûreté, etc., 5me édition, revue et augmentée d'un appendice, in-16, figures dans le texte.
Prix . . . . 1 fr. 50

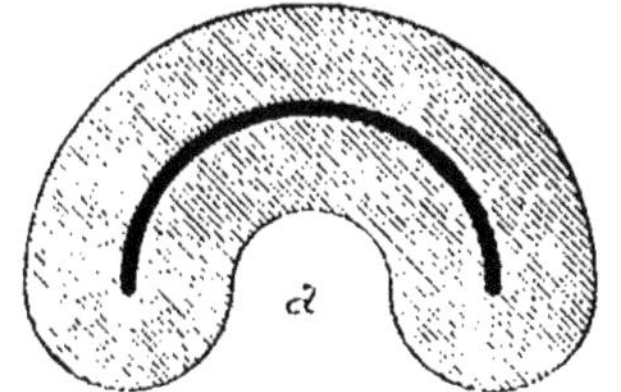

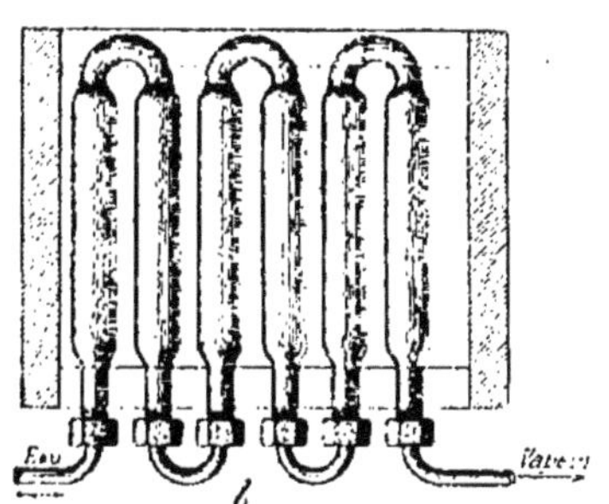

Coupe d'un tube de générateur Serpollet.
Raccord des tubes dans le générateur.

Chaux et Ciments (Voir Briques et Tuiles).

Guide du Chaufournier et du Plâtrier, du fabricant de ciments, bétons et mortiers hydrauliques, par Émile Lejeune, ingénieur; 3me édition, 1 beau volume in-16, 59 figures dans le texte. — Prix . . . . . . 5 f.

Chemins de fer.

Calcul des Voies. Partie théorique et Formules, par J. Maridet, chef de section P.-L.-M., in-8°, 1876, — Prix réduit . . . . 2 fr. 50

Chimie (Voir page 28).

Dictionnaire de Chimie industrielle, contenant toutes les applications de la Chimie à l'Industrie, à la Pharmacie, à la Métallurgie, à l'Agriculture, à la Pyrotechnie et aux Arts et Métiers, avec la traduction russe, anglaise, allemande, espagnole et italienne des principaux termes techniques, par M. A.-M. Villon, ingénieur-chimiste, professeur de technologie chimique, ancien rédacteur en chef de *la Revue de Chimie industrielle,* et par M. P. Guichard, Président de la Société de Pharmacie Membre de la Société chimique de Paris, ancien professeur de Chimie et de Teinture à la Société industrielle d'Amiens; 3 beaux volumes in-4°, 2,300 pages, 1,200 figures. — Prix . . . . 75 fr.

On vend séparément :

Le tome Ier, **30** fr. — Le tome II, **25** fr. — Le tome III, **25 fr.**

Principes de Chimie, par DIMITRI MENDÉLÉEFF, professeur à l'Université de Saint-Pétersbourg (édition française), par MM. ACHKINASI et CARRION, avec préface par M. le professeur Armand GAUTIER, 2 vol. in-16 cartonnés.

TOME I. — L'étude de la chimie. — L'eau et ses combinaisons. — Composition de l'eau et hydrogène. — L'oxygène. — Ozone et peroxyde d'hydrogène. — Loi de Dalton. — Azote et air atmosphérique. — Composés hydrogénés de l'azote. — Molécules et atomes. — 1 vol. in 16, nombreuses figures, 585 pages. — Prix. 7 fr. 50

TOME II. — Carbone et hydrocarbures. — Chlorure de sodium. — Les Halogènes : chlore, brome, iode, fluor. — Potassium, rubidium, cesium, lithium. — Capacité calorique des métaux. — Similitude des éléments et Loi périodique. 1 vol. in-16, figures dans le texte, 499 pages. — Prix. 7 fr. 50

Chocolat.

Manuel pratique du Chocolatier. Le Cacaoyer et sa culture. — Examen et choix du cacao. — Aromates. — Fabrication du chocolat. — Mélange. — Broyage et finissage. — Installation d'une chocolaterie moderne. — Différentes sortes de chocolat. — Moulage et empaquetage. — Falsification. — Par L. DE BELFORT DE LA ROQUE ; in-16, nombreuses fig. — Prix. 4 fr. 50

Cidre.

Cidre, Poiré et Boissons économiques. Culture du pommier et du poirier, — Fabrication du Cidre et du Poiré. — Maladie du Cidre, Remèdes. — Eaux-de vie — Vinaigre. — Conservation des fruits. — Vins de Dattes, Figues, Poires, Pommes tapées. — Vins de fruits frais : Cerises, Prunes, Framboises, Groseilles, etc., 24 fig., par E. RIGAUX. 1 fr. 50

Combustibles (Voir GAZ).

Étude sur les Combustibles en général et sur leur emploi au chauffage par les gaz, par M. LENCAUCHEZ, ingénieur civil; 1 vol. grand in-8°, 344 pages, 55 fig. dans le texte et un atlas de 31 pl. in-folio. — Prix. 16 fr.

Comptabilité.

Traité général théorique et pratique de Comptabilité commerciale, Industrielle et administrative, par G. OPPELT. — Ouvrage adopté pour l'Enseignement. 1 volume in-8° (1876), 367 pages. — Prix réduit . . . . 4 fr.

Conserves.

Manuel des Conserves alimentaires. Fruits, Légumes, Poissons, Gibier et Animaux de boucherie, in-16, nombreuses figures, 1902, par R. de Noter. — Prix . . . . . 3 fr.

Spécimen des figures : Autoclave. Appareil domestique pour la cuisson des conserves pour restaurants, hôtels, châteaux, etc.

Corderie.

Fabrication des Cordes, Câbles, Ficelles et Filins. Fabrication à la main et fabrication mécanique. — Matières textiles. — Variétés. — Goudronnage. — Cordes en chanvre. — Chanvre de Manille. — Essai des cordages. — Chanvre de corderie. — Défibrage des vieux câbles. — Cordes de fantaisie, etc. — Par Alfred Renouard, manufacturier à Lille; in-8°, 44 figures. — Prix. . . . . 10 fr.

Corps gras.

Les Corps gras. Huiles végétales, non-siccatives, siccatives. — Huiles animales. — Graisses végétales. — Graisses animales. — Suifs. — Cires. — Matières grasses minérales. — Lubrifiants, etc. — Par A.-M. Villon, ingénieur-chimiste, in-16, figures dans le texte. (2me tirage). — Prix. . 6 fr.

Le Frottement, le Graissage des Machines et les Lubrifiants, par R. H. Thurston, professeur à l'Université de New-York, 2me édition française; 1 vol. in-16, avec figures dans le texte. — Prix. . . . . 4 fr.

Couleurs (Voir Teinture).

Manuel pratique de la Fabrication des Couleurs. Matières premières employées dans la préparation des couleurs, essences et vernis, par MM. R. Lemoine et Ch. du Manoir; 1 beau volume in-8°, 360 pages. — Prix. . . . . 6 fr.

L'ouvrage que nous présentons au public est le plus complet qui ait été fait jusqu'à ce jour; les documents et les matériaux dont nous nous sommes entourés ont été puisés aux sources les plus sûres, nos expériences personnelles nous ont permis d'écarter de la pratique tout ce qui n'offrait pas une garantie suffisante.

Nous avons évité l'emploi des termes scientifiques, ayant moins en vue de faire une œuvre de savant que d'être utile à ceux qui emploient journellement les couleurs.

Nous espérons avoir rendu service à tous ceux qui s'occupent de la couleur, à quelque titre que ce soit, et qu'ils nous sauront gré de la publication de ce travail.

Notions générales sur les Matières colorantes organiques artificielles, par Jules MAMY ; 1 volume in-16, 72 pages. . . . . 1 fr. 50

Dessin.

Cours de Dessin industriel à l'usage des élèves des écoles professionnelles. — 1re PARTIE : Géométrie graphique, 10 planches ; 2me PARTIE : Géométrie des solides, 20 planches ; 3me PARTIE (1re série) : Construction des machines, par G. BARDIN, professeur de dessin industriel. — 3 vol. in-f°, 1864. (Publié à 13 fr.). — Prix . . . . 5 fr.

Distillation. — Alcools. — Liqueurs.

Guide pratique du Distillateur. Fabrication des Liqueurs. Distillation. — Rectification. — Filtrage. — Tranchage. — Générateurs. — Matières sucrées. — Conserves. — Sirops. — Punchs. — Miels et Hydromels. — Fruits à l'eau-de-vie. — Boissons gazeuses. — Liqueurs de ménage. — Par Édouard ROBINET (d'Épernay) : 1 fort volume in-16, 424 pages. — Prix. . . . . 5 fr.

Un Guide du Liquoriste comprenant non seulement la fabrication industrielle des liqueurs, mais encore toutes les recettes connues utilisables par un ménage, manquait dans la série des ouvrages publiés jusqu'à ce jour, c'est cette lacune que nous avons comblée.

Manuel pratique de la Fabrication des Alcools. Alcools de vin, de cidre, de poiré, de betteraves, de mélasses, etc., par E. ROBINET et CANU ; in-16, 32 figures dans le texte. — Prix. . . 3 fr.

Distillation. Traité ou Manuel complet théorique et pratique de la distillation de toutes les matières alcoolisables : grains, pommes de terre, vins, betteraves, mélasses, etc., contenant la description de tous les principaux appareils connus et en usage dans la pratique, par Charles STAMMER ; 1 vol. grand in-8°, 452 pages, accompagné de 88 fig. dans le texte et de nombreux tableaux. Cartonné toile anglaise (1880). — Prix. . . . . 20 fr.

Dynamos.

Les Machines dynamo-électriques. De leur origine jusqu'aux derniers types industriels, par P. CLÉMENCEAU, ingénieur des Arts et Manufactures. — 1 vol. in-16 avec 116 fig. dans le texte. — Prix. . 5 fr.

TABLE DES MATIÈRES. — Théorie de l'induction. — De la machine dynamo-électrique. — Historique et machines diverses. — Anneau Gramme et modifications. — Machines dynamo-électriques à courants alternatifs. — Machines magnéto-électriques à courants alternatifs. — Machines à courant continu et induit en forme d'anneau. — Machines dynamo-électriques à induit en forme de bobine ou tambour cylindrique. — Machines dynamo-électriques à courants alternatifs. — Machine magnéto-électrique. — Machine à induit en forme de disque. — Notions pratiques relatives aux machines dynamos.

Eaux.

Manuel pratique d'Analyse micrographique des Eaux, par P. Fabre-Domergue, directeur du Laboratoire de Zoologie maritime; in-16, 10 fig. — Prix . . . . 1 fr. 50

École Centrale des Arts et Manufactures.

(Portefeuille des Travaux de Vacances, voir deuxième partie du Catalogue.)

Électricien. — Manuels d'Électricité. — Lumière Électrique.

Manuel pratique du Monteur-Electricien. Le Mécanicien-chauffeur-électricien. — Montage et conduite des installations électriques, etc., par J. Laffargue, ingénieur-électricien, attaché au service municipal de contrôle des Sociétés d'électricité de la Ville de Paris. — Petit in-8°, reliure anglaise, environ 1000 pages, 700 figures et 5 planches en couleurs — Sixième édition 1903. — Prix . . . . 10 fr.

Cet ouvrage rendra d'éminents services, d'abord aux monteurs et aux chauffeurs, mais aussi aux ingénieurs et aux chefs d'industrie. Aucun ouvrage analogue ne peut lui être comparé. Il y a abondance de livres sur l'électricité, mais, aucun que nous sachions, ne groupe dans un exposé aussi méthodique, aussi clair, autant de renseignements pratiques. C'est là l'originalité de l'ouvrage. L'auteur, comme on dit, met la main à la pâte, et il ne craint pas d'insister sur les menus détails. Avec lui, on ne se contente pas de la théorie, on fait du métier. Sous sa direction, on devient vite expert dans l'art de manier les machines, les distributeurs électriques et leurs accessoires. Au fond il s'agit d'un cours d'électricité industrielle fait par un ingénieur très compétent. M. Laffargue a professé ce cours depuis des années à la fédération professionnelle des chauffeurs de France et d'Algérie; plus que personne, il a compris comment il fallait s'y prendre pour familiariser ses auditeurs avec les petites difficultés d'ordre pratique qui gênent les débutants, aussi a-t-il réussi à écrire un livre que nous ne craignons pas de qualifier de « modèle du genre ».

Ce Manuel est d'ailleurs complet sous sa dernière forme. Production de l'énergie, dynamos à courants continus alternatifs, polyphasés, accumulateurs, transformateurs, appareils de mesure, canalisations, installations publiques et privées, etc. N'insistons pas davantage. Ce qu'il importe que l'on sache, c'est qu'il existe maintenant un manuel, un vrai guide pratique du monteur, un *vade-mecum* de l'électricien. Ce livre rendra de véritables services à l'industrie.

Les Lampes électriques. Régulateurs. — Incandescence, par P. D'URBANITZKI. — Deuxième édition française, revue et augmentée, par Georges FOURNIER, ingénieur-électricien. — Un beau volume in-16 de 250 pages avec 126 figures dans le texte. — Prix. . . . . . . 4 fr 50

Manuel pratique de l'installation de la Lumière électrique, par J.-P. ANNEY, ingénieur-électricien.

1re partie. — Installations privées. — Troisième édition. — 1 beau volume in-16 de 344 pages, avec 135 figures dans le texte. — Prix. . . . . . 5 fr.

2me partie. — Stations centrales. — 1 beau volume in-16, avec 99 figures dans le texte et 10 planches dont 8 en couleurs. — Prix . . . . . . 7 fr.

EXTRAIT DE LA TABLE DES CHAPITRES. — 1er volume. — *Installations privées*, avec 135 figures dans le texte. — Règles générales d'installation. — Moteurs. — Machines électriques. — Installation des machines et leur entretien. — Accumulateurs. — Lampes à arcs. — Bougies. — Lampes à incandescence. — Appareils de mesure. — Appareils de sécurité et de contrôle. — Interrupteurs et commutateurs. — Régulateurs de courant. — Tableaux de distribution. — Conducteurs. — Installations et canalisations. — Installations particulières.

2me volume. — *Stations centrales*, avec 99 figures dans le texte et 10 planches. — Distributions de courant. — Distributions à haute tension. — Distributions par transformateurs à courants continus. — Distributions par transformateurs à courants alternatifs. — Compteurs. — Etablissement des usines. — Établissement du réseau. — Installations intérieures chez les abonnés.

L'Électricité dans la Maison moderne, par Ernest COUSTET, ingénieur-électricien. — Production du courant. — Éclairage. — Chauffage. — Moteurs domestiques. — Assainissement. — Sonneries. — Horloges. — Téléphone. — Paratonnerres. — 1 fort volume in-16, avec 185 figures (1900). — Prix cartonné. . . . . 4 fr. 50

Câbles d'Éclairage électrique et Distribution de l'Électricité, par STUART A. RUSSEL. — Traduit avec l'autorisation de l'auteur par G. FORMENTIN. — 1 fort volume in-16, avec 107 figures dans le texte. — Prix . . . . 6 fr.

Aide-Mémoire de l'Ingénieur-Électricien. Recueil de tables, formules et renseignements pratiques à l'usage des électriciens, par G. DUCHÉ, B. MARINOVITCH, E. MEYLAN et G. SZARVADY. — Sixième tirage, augmenté par P. JUPPONT, ingénieur des Arts et Manufactures. — 1 beau volume in-16, nombreuses figures intercalées dans le texte, cartonnage anglais. Prix . . . . 6 fr.

Catéchisme d'Electricité pratique. Premières leçons à la portée de tous. — Électricité statique — Magnétisme — Unités et Mesures. — Piles. — Accumulateurs. — Machines dynamo et magnéto-électriques. — Lampes et Éclairage. — Téléphonie. — Sonneries. — Par Ernest Saint-Edme, ancien professeur de physique à l'École Turgot. — 1 volume in-16 avec 73 fig., cartonné, deuxième édition. — Prix. . . . . **2 fr. 50.**

Table des Chapitres. — Chapitre I. Généralités sur l'électricité statique. — Chapitre II. Magnétisme. — Chapitre III. Unités et Appareils de mesure. — Chapitre IV. Les Piles électriques. — Chapitre V. Accumulateurs. — Chapitre VI. Les Machines magnéto et dynamo-électriques. — Chapitre VII. L'Éclairage et les Lampes électriques. — Chapitre VIII. Tableaux de distribution; conducteurs; installations de lignes. — Chapitre IX. Téléphonie. — Chapitre X. Sonneries électriques.

L'Électricité industrielle à la portée de tous, par Ch. Créchet, Ingénieur, Professeur du cours d'électricité de la Ville du Havre. — 1 beau volume in-8°, 325 pages, 224 figures. — Prix. **2 fr. 50**

Petit Guide du Constructeur-Électricien, par E. Keignart. — 1 vol. in-18 de 86 pages avec 50 fig. dans le texte. — Prix. **1 fr.**

Les Compteurs d'Électricité, par Ernest Coustet. 1 beau volume in-16 avec 56 figures dans le texte. — Prix. . . . . . . **2 fr. 50**

Dégagé de principes abstraits et de calculs compliqués, cet ouvrage a été rédigé de façon à être accessible à tous. Il pourra être mis utilement entre les mains du monteur chargé de placer les compteurs, de les régler, de les vérifier et de les nettoyer. L'employé qui recueille chaque mois les indications des totalisateurs, en vue du calcul de la dépense, le consultera avec fruit. Enfin, l'abonné lui-même pourra y trouver des notions intéressantes, lui permettant de se rendre compte de la marche du compteur installé chez lui, de reconnaître si les factures qui lui sont présentées correspondent bien aux indications des cadrans et de vérifier si ces dernières sont exactement en rapport avec sa consommation effective.

Électrolyse (Voir Galvanoplastie.)

L'Électrolyse et l'Électro-Métallurgie, par Edouard Japing, ingénieur-électricien. — Troisième édition française, augmentée d'un appendice sur l'électro-métallurgie à l'exposition de 1900, par L. Guillet, ingénieur-chimiste, 1 volume in-16 illustré de nombreuses figures dans le texte. — Prix . . . . **4 fr.**

Encres et Cirages.

Fabrication des Encres et Cirages. *Encres à écrire, à copier, métalliques, à dessiner, lithographiques. — Cirages, vernis et dégras.* — Encres à écrire. — Matières premières. — Constitution chimique. — Fabrication des encres à l'acide tannique. — Encres à l'acide gallique. — Encres au campêche. — Encres au sesquioxyde de fer. — Encres à l'alizarine. — Encres de matières extractives. — Encres à copier. — Encres hectographiques. — Encres de sûreté. — Extraits d'encres et encres en poudre. — Conservation de l'encre. — Encres de couleur. — Encres métalliques. — Encres solides. — Encres et crayons lithographiques. — Crayons autographiques. — Crayons d'encre. — Crayons de couleur. — Encres à marquer. — Encres spéciales. — Encres sympathiques. — Encres pour timbres et tampons. — Bleu d'azurage du linge. — Fabrication du cirage pour chaussures, des vernis, et de la graisse pour le cuir. — Fabrication du noir d'os. — Fabrication du dégras. — Édition française, par DESMAREST, d'après LEHNER et BRUNNER. — 1 volume in-16 de 345 pages. — Prix. . . . 5 fr.

Fécule.

Fabrication de la Fécule et de l'Amidon, par J. FRITSCH, chimiste; in-16 avec 112 figures. — Prix. . . . . 6 fr.

Filets de pêche.

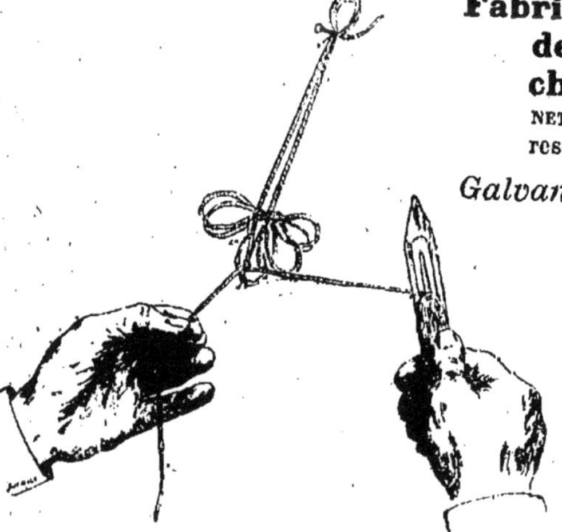

Fabrication des filets de pêche.

Fabrication et Emploi des Filets de Pêche, par le commandant VANNETELLE; 1 vol. in-16, 64 figures. — Prix. . . . . . 3 fr.

Galvanoplastie (Voir ELECTROLYSE).

Manuel de Galvanoplastie. Dorure, argenture, cuivrage, nickelage, étamage, par Georges BRUNEL; 1 volume in-16, avec 28 fig. dans le texte. — Prix . . . 4 fr.

Galvanoplastie. — Décomposition électrolytique. — Appareils. — Sources d'électricité. — Piles. — Machines dynamos. — Accumulateurs. — Préparation des surfaces. — Moulage. — Métallisation. — Mise au bain. — Galvanotypie.

Électrochimie. — Préparation des surfaces. — Décapages. — Dorure à froid, à chaud. — Dédorage. — Extraction de l'or des vieux bains. — Argenture. — Conduite de l'opération. — Résumé des opérations. — Désargenture. — Extraction de l'argent des vieux bains. — Argenture des miroirs et des glaces. — Cuivrage. — Laitonisage. — Nickelage. — Préparation des pièces. — Conduite de l'opération. — Dénickelage. — Divers métaux. — Zingage. — Ferrage et aciérage. — Platinage. — Aluminiage. — Plombage. — Étamage. — Antimoniage. — Cobaltisage.

Dépôts métalliques par simple immersion. — Finissage des pièces.— Procédés, Recettes et tours de main. — Dorure au trempé. — Dorure de l'aluminium. — Argenture au trempé. — Cuivrage au trempé. — Étamage au trempé. — Antimoniage au trempé. — Ors de couleur. — Argent et vieil argent. — Epargnes. — L'anthropoplastie galvanique. — Formules et procédés utiles. — Recettes diverses.

La Galvanoplastie. Histoire et procédés. — Dorure. — Argenture. — Nickelage. — Photogravure sur zinc et cuivre à la portée des amateurs ; par PAUL LAURENCIN. — 1 volume in-16, 5me édition, cartonné. — Prix. **3** fr.

Gaz (Voir COMBUSTIBLES).

Études sur divers Gaz combustibles, par A. LENCAUCHEZ, ingénieur civil.

1re partie. — Usages industriels et principalement pour la production de la force motrice; 120 pages, 2 planches, 33 figures, 1899. — Prix. . **3** fr.

2me partie. — Production des gaz, des gazogènes et des hauts-fourneaux, épuration et emploi par les moteurs à gaz; 116 pages, 4 planches, 10 figures, 1902. — Prix . . . . **3** fr.

Géodésie.

Manuel pratique de Géodésie, par G. DALLET, du Service géographique de l'Armée; in-16, figures dans le texte. — Prix. . . **4** fr.

Goudrons.

Étude sur les Goudrons et leurs nombreux Dérivés, par KNAB, ingénieur-chimiste, grand in-8° de 102 pages avec 8 fig. (1884).— Prix. . . . . **3** fr.

Horlogerie.

L'Horlogerie électrique, par A. TOBLER, professeur à l'École polytechnique de Zurich. Édition française revue et augmentée, par L. DE BELFORT DE LA ROQUE, ingénieur civil. — Un volume in-16, avec 65 figures dans le texte. — Prix. . . . . 3 fr.

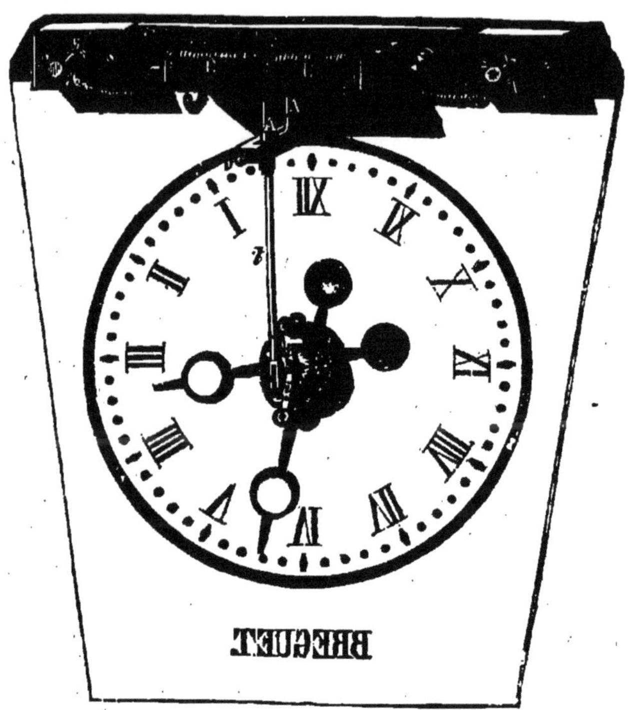

Horloge électrique, système BRÉGUET.

TABLE DES MATIÈRES. — Unités de mesures. — Unités fondamentales, système C. G. S. — Unités géométriques. — Unités mécaniques. — Unités électro-magnétiques. — Introduction. — Appareils à cadrans sympathiques et régulateurs. — Horloges de Wheatstone, Bain, Garnier, Stohrer, Fritz, Bréguet, Siemens et Halske, du chemin de fer de Droz, de Houdin-Callaud et Mildé, Gloesener, Hipp. Arzberger. — Appareil de contact à mercure de Leclanché et Napoli, et de E. Liais. — Remise à l'heure. — Systèmes de Bréguet, de Collin. — Réglages des horloges à Berlin, à Paris. — Système de Barraud et Lund. — Système de Hipp. — Horloges à pendules électriques de Liais et de Kramer. — Horloge à pendule de Hipp. — Horloge de Schweizer. — Pendules à remontoir électrique. —

Pendules à remontoir Mouilleron et Anthoine. — Pendule de Callaud. — Horloge de M. Bréguet. — Pendule électrique à remontoir et à sonnerie, système Japy frères et Cie. — Horloges électriques, système Château. — Horloges à remontage électrique.

Houille.

La Houille. Épuration, criblage, triage et lavage de la houille, par A. BURAT, ingénieur, professeur à l'École centrale des Arts et Manufactures; in-4° avec 8 planches in-folio (1881). — Prix. . . . . **10 fr.**

Ingénieur.

Carnet de l'Ingénieur. Recueil de tables, de formules et de renseignements usuels et pratiques sur l'industrie, chimie, physique, mécanique, machines à vapeur, hydraulique, résistance, frottements, etc., à l'usage des ingénieurs, des constructeurs, des architectes, des chefs d'usines, des mécaniciens, des directeurs et conducteurs de travaux, des agents-voyers, des manufacturiers et des industriels; par une réunion d'ingénieurs et de savants français et étrangers (Carnet Lacroix); 1 volume in-16, relié toile, format de poche, 400 pages petit texte compact, avec nombreuses figures, etc. — 53me tirage. — Prix. **4 fr. 50**

Irrigations.

Irrigations du Midi de l'Espagne, par M. AYMARD, ingénieur des ponts et chaussées; in-8°, 320 pages et atlas de 16 planches in-fol. — Publié à 30 fr. (1864). — Prix. . . . . **18 fr.**

Tout le monde sait que des résultats merveilleux ont été obtenus dans le Midi de l'Espagne, contrée autrefois aride et dévastée par les torrents; mais peu de personnes connaissent les travaux qui ont amené ces résultats, et pourraient dire par quelles combinaisons administratives on a pu grouper et réunir en faisceau toutes les volontés qui ont concouru à créer l'état de choses existant et qui concourent à le maintenir et à l'améliorer.

L'ouvrage de M. Aymard est tellement rempli de faits et présente, sur une foule de points, des renseignements si détaillés et si étendus, qu'il est presque impossible de l'analyser. Il donne une description détaillée des travaux à l'aide desquels on a créé les irrigations. L'auteur a aussi consacré un chapitre fort complet à l'alimentation des villes qu'il a visitées.

Laine.

Travail des Laines cardées. Cardage et filage, par A. LOHRISCH, édition française, par H. DANZER, ingénieur; in-8°, 86 pages et 52 figures. Prix. . . . . **3 fr.**

Lait.

Laiterie, Beurre et Fabrication des Fromages. Lait. — Analyse. — Conservation. — Écrémage. — Barratage. — Conservations. — Fromages mous, frais, affinés, cuits, etc., par E. RIGAUX, professeur à l'École d'Agriculture de Mende, 320 pages, 73 figures. — Prix . . . **3 fr.**

Laminage.

Manuel pratique de Laminage du Fer. Principe du laminage. — Influence du diamètre des cylindres. — Influence de la vitesse. — Influence de la nature, de l'état calorique et de la manière dont on présente le fer aux cylindres. — Applications des principes du laminage. — Classement des trains de laminoirs. — Règle du tracé des cannelures. — Classification des trains de laminoirs. — Trains de puddlage. — Gros train n° 1. — Gros train n° 2. — Train cadet. — Train à guides. — Train mixte. — Train machine. — Généralités sur les cylindres. — Classification des cylindres. — Lignes des cannelures. — Entrée des cannelures. — Sortie des cannelures. — Guidage des cylindres. — Levage des cylindres. — Montage des cylindres dans les cages. — Guidage du fer à l'entrée et à la sortie des cylindres. — Tracé des cannelures.

Acier : Dégrossisseurs ogives. — Dégrossisseurs carrés. — Mises du puddlage. — Fers plats. — Gros ronds. — Gros carrés. — Feuillards. — Fers en U. — Fers à T doubles-cornières. — Fers à simple T. — Fers à paumelles. — Fers zorès. — Rails. — Fers à bourrelets. — Fers demi-ronds. — Vitrages et demi-vitrages. — Fers à nœuds pour crampons. — Petits carrés aux guides. — Petits ronds droits aux guides.

Par F. NEVEU et L. HENRY, ingénieurs-métallurgistes; 1 volume in-16, avec 6 figures et 10 tableaux et atlas de 117 planches in-folio. — Prix. . **40 fr.**

Mécanique et Machines (Voir CHAUFFEURS).

Éléments proportionnels de Construction mécanique, disposés en séries propres à faciliter l'étude et l'exécution des diverses pièces détachées des constructions mécaniques, par D.-A. CASALONGA, ingénieur civil, ancien élève des Arts et Métiers; 1 vol. cartonné, grand in-4°, comprenant un texte et 64 planches. — Prix . . . . **25 fr.**

Le but de cet ouvrage est de permettre de déterminer rapidement par une simple lecture et d'une façon précise, les dimensions des divers détails d'une construction mécanique donnée.

Il se compose d'un texte et de planches comprenant les figures des pièces étudiées et divers tableaux donnant toutes les dimensions des séries les plus employées.

Cet ouvrage contient 2,405 séries et 37,734 dimensions diverses.

Les dessinateurs-mécaniciens, les chefs de travaux ou de bureaux de dessin, les ingénieurs pour la construction, trouveront un aide efficace et un contrôle sûr dans la possession de ces documents, où ils puiseront les détails des projets dont ils auront déterminé les conditions principales.

Catéchisme des Chauffeurs et des Machinistes. Législation. — Combustion. — Conduite. — Entretien. — Mise en marche. — Organes, etc., 5me édition revue et augmentée, in-16, figures dans le texte. Prix . . . . **1 fr. 50**

Des Régulateurs appliqués aux Machines à vapeur par V. LEBEAU, in-8°, 19 figures (1890). — Prix . . . . **2 fr.**

Manuel de l'Ouvrier Mécanicien. 8 volumes in-16 avec nombreuses figures dans le texte, par M. Georges FRANCHE, ingénieur-mécanicien (Arts et Métiers, E. C. P).

1re Partie. — *Principes de Mécanique générale :* Statique, Cinématique, Dynamique, Théorie de la chaleur. Un vol. in-16 cartonné, 95 figures. Prix . . . . 2 fr.

2me Partie. — *Outils, Machines-Outils* : Travail du bois. — Travail des métaux. — 1 volume in-16 cartonné, 79 figures. — Prix. . . . . . 2 fr.

3me Partie. — *Forge et Fonderies* : Travail du fer. — Travail du cuivre. — 1 volume in-16 cartonné, 143 figures. — Prix . . . . 2 fr.

4me Partie. — *Engrenages et Transmissions* : Engrenages cylindriques, coniques, hélicoïdaux. — Transmissions fixes. — Arbres. — Poulies. — Flexibles, in-16, cartonné, 88 figures. — Prix . . . . 2 fr.

5me Partie.— Boulons, Rivets, Chaudronnerie.
6me — Machines à vapeur;
7me — Moteurs à gaz, pétrole et alcool.
8me — Hydraulique.
} *En préparation.*

Cours de Chaudières et de Machines à vapeur. Théorie et pratique, par L. POILLON, ingénieur-mécanicien (1877) avec supplément (1879), 2 beaux volumes in-8°, 687 pages et 14 planches. — Publié à 30 fr. — Réduit à . . . . 7 fr. 50

Meunerie.

Manuel pratique de Meunerie. Meules et Cylindres. — Les céréales.—Mouture.—Les farines.—Par A. LARBALÉTRIER, professeur à l'École d'agriculture d'Oraison et de L. DE BELFORT DE LA ROQUE, ingénieur-chimiste ; 1 fort volume in-16, figures dans le texte. — Prix . . . . 6 fr.

Mines. — Minéralogie. — Lithologie (Voir SONDAGES).

Manuel pratique du Prospecteur. — Guide du prospecteur et du voyageur pour la recherche des métaux et des minéraux précieux, par J.-W. ANDERSON. — Édition française, d'après la huitième édition anglaise, par J. ROSSET, ingénieur civil des Mines. — In-16, 73 figures dans le texte (1901). Prix : cartonné toile, 5 fr. ; broché. . . . . 4 fr. 50

Cours de Minéralogie professé à l'École Centrale, par DE SELLE, professeur à l'École Centrale. — Minéralogie : phénomènes actuels. Les dix-huit premiers chapitres traitent des phénomènes qui ont bouleversé notre globe ; les chapitres suivants traitent de la minéralogie et donnent la description de toutes les espèces et variétés minérales considérées comme indiscutables et classées par familles ; 1 fort volume de 585 pages in-8° et 1 atlas de 147 planches comprenant 978 figures et 27 tableaux. (Publié à 25 fr.). — Prix. . . . . 7 fr. 50

Lithologie du fond des Mers, publié sous les auspices de MM. les Ministres de la Marine et des Travaux publics, par M. Delesse, ingénieur en chef des Mines, professeur à l'École des Mines. — 1 volume in-8°, 480 pages de texte; 1 volume de 136 pages de tableaux et un atlas de 4 planches in-folio, en couleurs (Publié à 35 francs). — Prix . . 7 fr. 50

Navigation.

La Navigation Sous-Marine. Bateaux sous-marins historiques.— Bateaux sous-marins actuels; par A.-M. Villon. — 1 vol. in-16, 11 figures. — Prix . . . . 1 fr. 50

Or.

L'Or. Gîtes aurifères. Extraction de l'Or. Traitement du minerai. — Emplois et analyse de l'or. — Vocabulaire des termes aurifères. — Par H. de La Coux, ingénieur-chimiste; 1 beau volume in-16, nombreuses figures dans le texte. — Prix. . . . . 5 fr.

Parfumerie.

Manuel du Parfumeur. Odeurs, essences, extraits et vinaigres de toilette, poudres, sachets, pastilles, émulsions, pommades, dentifrices; par W. Askinson; 2me édition française, par G. Calmels. — Histoire de la parfumerie. — Matières odorantes en général. — Matières odorantes extraites du règne végétal. — Matières animales. — Produits chimiques. — Préparation des matières odorantes. — Des falsifications des huiles essentielles. — Essences et extraits. — Parfumerie proprement dite. — Parfums de mouchoirs. — Parfums ammoniacaux. — Des parfums secs. — Pastilles fumigatoires. — Parfumerie cosmétique et hygiénique. — Préparation des émulsions, des poudres, des pâtes, du lait végétal et des crèmes. — Des préparations employées pour l'hygiène des cheveux et de la bouche. — Parfumerie cosmétique. — Fards et produits servant à embellir la peau. — Préparation pour colorer les cheveux et préparations épilatoires. — Cires, bandolines et brillantines. — Des couleurs employées en parfumerie. — 1 fort volume in-16 avec 30 figures dans le texte. — Prix . . . . 6 fr.

Les Huiles essentielles, par E. Gildemeister et Fr. Hoffmann. Traduction par A. Gault, avec préface de A. Haller, professeur à l'Université de Paris. — Historique des procédés et appareils distillatoires. — Préparation des huiles par la distillation. — Principes constituants. — Essai des huiles essentielles. — Plantes d'où l'on tire les huiles essentielles. — Origine, production, propriétés. — Composition et commerce des huiles essentielles. 1 vol. in-8°, 868 pages, avec 84 gravures et 2 cartes 1900, 1/2 reliure avec coins tranches marbrées . . . . 25 fr.

Phonographe.

Le Phonographe et ses applications, par A.-M. Villon, ingénieur. — 1 volume in-16, avec 36 figures dans le texte. — Prix. 2 fr.

Photographie.

Photographie. Encyclopédie de l'Amateur-Photographe, par MM. G. Brunel, P. Chaux, E. Forestier et A. Reyner; 10 volumes in-16, près de 500 figures dans le texte. — Prix (les 10 volumes dans un élégant étui) . . . . **20** fr.

On vend séparément chaque volume. . . . . **2** fr.

Voici les titres des volumes et l'analyse des matières que chacun renferme. On pourra ainsi juger du plan adopté pour cette *encyclopédie* appelée, croyons-nous, à rendre les plus grands services, aussi bien aux débutants qu'aux amateurs exercés.

N° 1. — **Choix du matériel et installation du laboratoire.** — Ce que c'est que la photographie. — Théorie abrégée. — Formation des images. — Image latente. — Corps sensibles, leur révélation. — Termes photographiques. — Différents appareils. — Les diaphragmes, les obturateurs. — Le laboratoire élémentaire ou complet, comment on l'installe. — Les accessoires. — Les produits, leur conservation. — Conditions hygiéniques du laboratoire, par G. Brunel et E. Forestier. — Prix . . . . . **2** fr.

N° 2. — **Le sujet. — Mise au point. — Temps de pose.** — Classement des opérations. — Choix du sujet. — Son éclairage. — Station et mise au point. — Le temps de pose. — Composition des vues, par G. Brunel. — Prix . . . . **2** fr.

N° 3. — **Les clichés négatifs.** — Les plaques sensibles. — Les pellicules. — Mise en châssis. — Le développement. — Les révélateurs, leur action. — Choix de révélateurs. — Formules simples et précises. — Les révélateurs à un bain, à deux bains. — Les révélateurs automatiques. — Fixage. — Lavage. — Alunage. — Séchage. — Vernissage. — Conservation des négatifs. — Répertoire des clichés. — Par G. Brunel et E. Forestier. — Prix . . . . **2** fr.

N° 4. — **Les épreuves positives.** — Les épreuves positives. — La préparation du papier sensible. — Différents papiers fournis par l'industrie. — Différents bains. — Les viro-fixateurs. — Virage, fixage. — Lavage, séchage. — Finissage. — Collage, montage, satinage. — Préparation d'un album. — Par G. Brunel. — Prix. . . . . **2** fr.

N° 5. — **Les insuccès et la retouche.** — Mauvais négatifs, mauvais positifs; causes, discussions, recherches. — Moyens d'éviter les insuccès — Remèdes. — Bains compensateurs. — La retouche des clichés et des photocopies. — Par G. Brunel. — Prix. . . . . **2** fr.

N° 6. — **La photographie en plein air.** — Appareils spéciaux. — Détectives et jumelles. — La photographie instantanée. — Les sujets, conditions qu'ils doivent remplir. — La pose. — Les opérations de laboratoire. — La photographie scientifique, topographique, ethnographique, beaux-arts, par G. Brunel et P. Chaux. — Prix . . . . 2 fr.

N° 7. — **Le portrait dans les appartements.** — Disposition et éclairage. — Les objectifs. — La mise au point. — Les écrans. — La pose et le maintien du modèle. — Différents procédés. — Conduite des opérations, par A. Reyner. — Prix . . . . 2 fr.

N° 8. — **Les agrandissements et les projections.** — Les agrandissements et les réductions. — Les projections. — Les positifs sur verre. — Epreuves sur opale. — Epreuves artistiques, par G. Brunel. — Prix. . . . . 2 fr.

N° 9. — **Les objectifs et la stéréoscopie.** — Quelques notions d'optique. — L'objectif photographique. — Différentes formes. — Classement. — Défauts, qualités. — Choix des objectifs. — Essai des objectifs. — Détermination et comparaison de la valeur des objectifs. — La photographie stéréoscopique, par G. Brunel. — Prix. . . . . 2 fr.

N° 10. — **La photographie en couleurs.** — Positifs colorés sur verre et sur papier, monochromes et polychromes. — Les différents tons pouvant être obtenus à l'aide du bain de virage. — La photographie des couleurs. — La photominiature et la photopeinture, par G. Brunel. — Prix . . . . 2 fr.

Nouveau traité complet de Photographie pratique, contenant les découvertes les plus récentes, par A. Liébert, artiste photographe à Paris; 4me édition augmentée d'un appendice théorique et pratique sur le gélatino-bromure, 1 beau volume in-8° de 700 pages, 77 figures et 18 photographies, cartonnage élégant, toile anglaise avec plaque spéciale (1884, publié à 25 fr.). — Prix. . . . . 12 fr. 50

Guide du Photographe et de l'Amateur Photographe, par Paul Fabre-Domergue, 1 volume in-16, 128 pages, 48 figures, couverture ornée d'une épreuve instantanée. — Prix. . . . . 3 fr.

Piles (Voir Accumulateurs-Électrolyse).

Les Piles électriques et les Piles thermo-électriques, par W. Hauck. — Troisième édition française, par G. Fournier, ingénieur-électricien. — 1 fort volume in-16, orné de 71 fig. dans le texte. — Prix . . . . 4 fr. 50

Radiographie.

Manuel pratique de Radiographie. Pratique des rayons X, par G. Brunel. — 1 volume in-16, 56 figures, 3me édition. — Prix. 1 fr. 50

Savons (Voir Bougies).

Manuel pratique du Savonnier. *Savons communs, savons de toilette, mousseux, transparents, médicinaux, pâtes et émulsions, analyse des savons*, par MM. Calmels et Wiltner, chimistes.

Extrait de la Table des Chapitres : Historique des savons. — Réaction fondamentale de la saponification. — Des matières employées pour la fabrication des savons. — Préparation des lessives alcalines. — Fabrication du savon. — De la saponification en général. — Classification des savons. — Fabrication des

Machine à mouler les savons.

diverses sortes de savons. — Savons médicinaux. — Moulage des savons. — Tableaux de cuisson. — Fabrication des savons par la vapeur. — Fabrication des savons de toilette. — Préparation de la masse destinée à la fabrication des savons de toilette. — Description des machines employées pour la fabrication des savons de toilette. — Couleurs et substances colorantes. — Recettes pour la préparation des savons de toilette. — Analyse des savons. — 1 volume in-16, 26 figures dans le texte. — Prix. . . . . 4 fr.

Soie.

Manuel pratique de la Soie. Education des vers. — Filage des cocons. — Cuite. — Assouplissage. — Blanchiment. — Filature des déchets. — Moulinage. — Conditionnement des soies. — Teinture et dorure de la soie. — Par A. Villon, ingénieur à Lyon ; 1 fort volume in-16, nombreuses figures dans le texte. — Prix. . . . . 5 fr.

Sondages (Voir Mines).

Manuel pratique de Sondages. Études et recherches souterraines par sondages à de faibles profondeurs, par Ed. Lippmann, ingénieur civil. — 1 vol. in-16, avec 5 planches (1901). Prix, cartonné . . . . . **4 fr. 50**

Sonneries Electriques.

Les Sonneries électriques. Installation et entretien, par Georges Fournier, ingénieur-électricien, d'après O. Cantor. — Quatrième édition. — 1 volume in-16, avec 59 figures dans le texte. — Prix . . . . . . **2 fr. 50**

Extrait de la Table des Matières. — Préface. — Unités électriques. — Introduction. — Les sonneries électriques employées aux usages domestiques. — Les appareils avertisseurs automatiques. — Installation et pose des circuits et appareils. Règles à observer. — Exemple de pose et d'installation. — Calcul des intensités de courant nécessité dans la pratique. Exemples. — Les sonneries électromagnétiques.

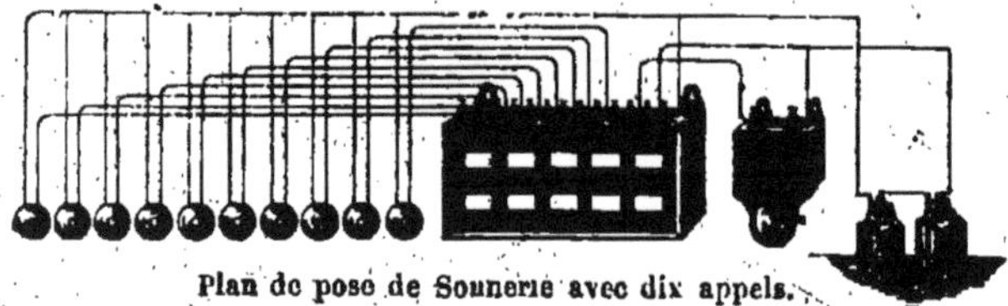

Plan de pose de Sonnerie avec dix appels.

Album de 32 plans de pose de sonneries électriques, par S. Denis, fils aîné, constructeur-mécanicien. — Troisième tirage, in-12 oblong. — Prix. **1 fr.**

Sucre.

Manuel du Fabricant de Sucre. Sucre de betteraves, de cannes; par P. Boulin, chimiste-industriel; 1 beau volume in-16, 30 figures dans le texte (1889). — Prix. **6 fr.**

Fabrication du Sucre (Traité complet théorique et pratique de la). — Guide du fabricant, par le Dr Charles Stammer; 1 volume gr. in-8°, 718 pages avec 165 figures, nombreux tableaux dans le texte et 3 planches. Cartonné. (1875). — Prix. **20 fr.**

Manuel pratique de Diffusion. Historique. — Théorie. — Diffusion. — Contrôle. — Rendements. — Devis. — Installation, par Élie Fleury et Ernest Lemaire, in-8° (1880). — Prix réduit . . . . **3 fr.**

Tabac.

Tabac. Description historique, botanique et chimique. — Climat. — Culture. — Frais. — Produits. — Mode de dessiccation. — Séchoirs. — Conservation. — Commerce; par V.-P.-G. Demoor. — In-18, 130 pag., 20 fig. — Prix. . **2 fr.**

Teinture (Voir COULEURS).

Manuel pratique du Teinturier. Matières colorantes, par J. HUMMEL, directeur du Collège de Teinture de Leeds. Edition française, par M. F. DOMMER, professeur à l'École de physique et de chimie industrielles. — 1 fort volume in-16, 80 figures dans le texte.

Le Traité de la Teinture des Tissus, du professeur Hummel, est le livre classique des teinturiers anglais.

Machine pour exprimer le fil à teindre en rouge turc.

Nous avons pensé qu'il ne serait pas sans intérêt, pour les teinturiers français, de connaître cet ouvrage, où le praticien trouvera, à côté de la théorie, la pratique raisonnée des opérations de teinture, en même temps qu'une étude complète des matières colorantes, considérées au point de vue de leurs applications. — Prix. . . 7 fr. 50

Télégraphie.

Traité de Télégraphie électrique. Cours théorique et pratique à l'usage des fonctionnaires de l'Administration des Lignes télégraphiques, des ingénieurs, constructeurs, inventeurs, employés des Chemins de fer, etc., etc., par E.-E. BLAVIER, inspecteur des Lignes télégraphiques. — 2 beaux volumes in-8° de 952 pages, avec 413 figures dans le texte (1867) (Publié à 20 fr.). — Prix. . . . . 10 fr.

Téléphonie.

Manuel pratique du Téléphone. 1re partie. — Installations privées. — Téléphone. — Microphone et Radiophone, par Théodore SCHWARTZE. — Troisième édition française, par S. FOURNIER et D. TOMMASI. — 1 volume in-16, avec 153 figures dans le texte. — Prix. . . . . 4 fr.

2me partie. — Traité de téléphonie. — Installations industrielles à grande distance, par le Dr V. WIETLISBACH. — 1 volume in-16, avec 123 figures dans le texte. — Prix . . . . 4 fr.

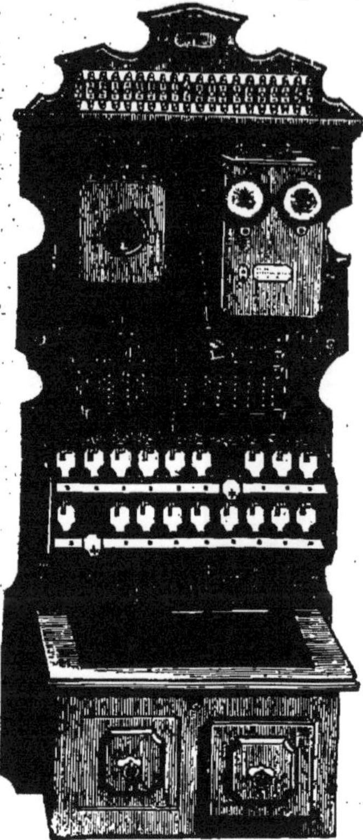

Spécimen des figures de la *Téléphonie Industrielle*.

Tourbe.

La Tourbe. Son extraction et son emploi comme combustible industriel, guide pratique de la fabrication des briquettes de tourbe et pour leur utilisation générale en métallurgie, en verrerie, en cristallerie et pour le chauffage au gaz, par M. LENCAUCHEZ. — 1 volume grand in-8°, avec atlas in-4° de 17 planches doubles. — Prix. . . . . 7 fr. 50

Transport de la force.

Le Transport de la force par l'Électricité, par Ed. JAPING, ingénieur-électricien. — Troisième édition française. — Annotée et augmentée de la description des plus récentes applications du Transport de la force, par M. Marcel DEPREZ, membre de l'Institut. — 1 volume in-16, avec 49 figures dans le texte. — Prix . . . . 5 fr.

EXTRAIT DE LA TABLE. — Introduction du transport de la force en général et en particulier du transport de la force par l'électricité. — Forces naturelles propres à être transmises par l'électricité. — Machines électriques pour la production du courant électro-moteur. — Théorie de la transformation du courant en travail. — Considérations théoriques concernant le rapport de la force à de grandes distances. — Emploi des machines électriques. — Les conducteurs électriques. — La propagation et la distribution du courant électrique. — Distribution du courant électrique. — Transformateurs et accumulateurs. — Procédé pour diminuer les portes d'énergie. — Applications industrielles. — Rendement économique du Transport de la force par l'électricité. — Appendice. Nouvelles expériences du transport de la force.

Turbines.

Construction des Turbines et des Pompes centrifuges, par Lucien VALLET, ingénieur-constructeur. — 1 volume in-8° et atlas de 15 planches (1875). — Prix. . . . . 15 fr.

Vernis.

Manuel pratique du Fabricant de Vernis. Gommes. — Huiles. — Térébenthines. — Huiles siccatives. — Vernis gras. — Vernis à l'essence. — Vernis à l'alcool, par E. COFFIGNIER, 1 fort volume in-16, avec figures. — Prix . . . . 5 fr.

EXTRAIT DE LA TABLE DES MATIÈRES. — Matières premières. — Analyses des gommes. — Résinates et linoléates. — Les dissolvants. — Huiles végétales. — Les Térébenthines. — La gemme. — Les résineux. — Fabrication des huiles siccatives. — Diverses cuissons. — Fabrication des vernis gras. — Analyse et essai des vernis. — Différents vernis à l'essence. Leur mode de fabrication. — Fabrication des vernis à l'alcool. — Les principaux vernis à l'alcool. — Vernis mixtes. — Vernis au caoutchouc. — Vernis à l'eau.

Vinaigre.

Manuel pratique du Vinaigrier. Méthodes nouvelles de fabrication du vinaigre, par Ch. FRANCHE, ingénieur-chimiste. — Un beau volume in-16, nombreuses figures dans le texte (1901). — Prix . . 4 fr. 50

EXTRAIT DE LA TABLE DES MATIÈRES. — Acide acétique. — Propriétés générales. — Origine chimique de l'acide acétique. — Fermentation acétique. — Choix des liquides pour la fabrication du vinaigre. — Différentes méthodes : Méthode d'Orléans, Méthode Pasteur, Méthode anglaise, Nouvelles Méthodes, etc. — Propriétés, traitement, conservation, emmagasinage. — Essai et analyse du vinaigre. — Falsifications.

Vins (Voir ARBRES FRUITIERS. VIGNE).

Manuel général des Vins (Nouvelle édition revue et corrigée), par Édouard ROBINET (d'Epernay).

Le manuel général des vins dont nous offrons une nouvelle édition au public est naturellement un livre indispensable, non seulement au public spécial, négociants en vins, viticulteurs, etc., mais encore à tous ceux qui possèdent une cave. Les connaissances spéciales, la longue expérience de l'auteur donnent au second volume une importance considérable, et nous ne craignons pas de dire qu'il n'est pas un seul fabricant de vins mousseux qui ne l'ait consulté avec fruit.

Le troisième volume forme un guide d'analyse des vins, mettant cette science si délicate à la portée de tous ; il complète la bibliothèque du négociant, du viticulteur et du simple particulier.

Trois beaux volumes in-16, de 1,366 pages et 136 figures. — Prix. . . 15 fr.

On vend séparément :

Tome Ier. — Vins rouges. — Vins blancs. — Vins artificiels. . . . . . 5 fr.
Tome II. — Vins mousseux. — Champagnes. . . . . 5 fr.
Tome III. — Analyse des Vins. — Fermentation. — Falsifications. . . . 5 fr.

Note sur la fabrication des vins mousseux dans les pays chauds, 1 volume in-16, 32 pages. — Prix . . . . 1 fr. 50

DICTIONNAIRE
DE
CHIMIE INDUSTRIELLE

COMPRENANT TOUTES LES APPLICATIONS DE LA CHIMIE

à l'Industrie, à la Métallurgie, à l'Agriculture, à la Pharmacie et aux Arts et Métiers

avec la traduction russe, anglaise, allemande, espagnole et italienne de la plupart des termes techniques

PAR MM.

A.-M. VILLON
INGÉNIEUR-CHIMISTE
PROFESSEUR DE TECHNOLOGIE CHIMIQUE

P. GUICHARD
MEMBRE DE LA SOCIÉTÉ CHIMIQUE DE PARIS
ANCIEN PROFESSEUR DE CHIMIE
A LA SOCIÉTÉ INDUSTRIELLE D'AMIENS

AVEC LA COLLABORATION D'UN GROUPE DE CHIMISTES ET D'INGÉNIEURS

Le but de cette nouvelle Encyclopédie est de réunir, sous une forme facile à consulter, débarrassée de tous les détails théoriques, l'ensemble de nos connaissances actuelles sur la Chimie industrielle. — Elle s'adresse à toute personne appelée à s'occuper, de près ou de loin, des questions si importantes, mais souvent fort embarrassantes, de la chimie appliquée. L'industriel est souvent gêné, lorsqu'il veut se procurer les renseignements dont il a besoin. Les traités spéciaux ne donnent pas entière satisfaction aux nécessités si diverses des exploitations industrielles. Tantôt le document pratique cherché est noyé dans des détails trop théoriques, tantôt il est entouré d'explications plus ou moins claires, qui en rendent la lecture obscure et trop abstraite. — Le chimiste industriel est un expérimentateur. Il faut qu'il soit en état d'user à temps de tous les procédés connus, de toutes les méthodes de contrôle reconnues exactes, sauf à inventer lui-même de nouveaux moyens appropriés aux circonstances au milieu desquelles il se trouve placé.

Mode de publication :

L'ouvrage complet en 36 livraisons, forme 3 vol., petit in-4°.

L'ouvrage complet, au prix de 75 francs, est payable 37 fr. 50 comptant et 37 fr. 50 à trois mois.

Le Tome Ier (fascicules 1 à 12) se vend séparément 30 francs.

Le Tome II (fascicules 13 à 22) se vend séparément 25 francs.

Le tome III (fascicules 23 à 36) se vend séparément 25 francs.

Voir pages 29 et 30 un spécimen réduit d'une page de texte et la nomenclature des fascicules.

Les fascicules sont vendus séparément :

Fascicules 1 à 19, chaque fascicule, 3 francs.

Fascicules 20 à 36, — — 2 —

Dictionnaire de Chimie Industrielle (*Suite*)

Chaque Fascicule se vend séparément

1 : *Abaca à Acide azotique*; 46 figures . . . . 3 fr.
2 : *Acide azotique — Acide phénique*; 62 figures . . . . 3 —
3 : *Acide phosphoreux — Acide sulfurique*; 75 figures . . . . . . 3 —
4 : *Acide sulfurique — Air*; 44 figures . . . . 3 —
5 : *Air — Alliages*; 42 figures . . . . 3 —
6 : *Alliages — Amphibole*; 54 figures . . . . 3 —
7 : *Amphigène — Auramine*; 17 figures . . . . 3 —
8 : *Auramine — Bismuth*; 37 figures . . . . 3 —
9 : *Bismuth — Broggérite*; 27 figures . . . . 3 —
10 : *Brome — Caoutchouc*; 48 figures . . . . 3 —
11 : *Caoutchouc — Chlore*; 55 figures . . . . 3 —
12 : *Chlore — Chromates*; 50 figures . . . . 3 —
13 : *Chromates — Corps composés*; 26 figures . . . . 3 —
14 : *Corps composés — Dialyseurs*; 50 figures . . . . 3 —
15 : *Digestion — Eau*; 66 figures . . . . 3 —
16 : *Eau — Engrais*; 23 figures . . . . 3 —
17 : *Eponges — Explosifs*; 36 figures . . . . 3 —
18 : *Farines — Fer, etc.*; 29 figures . . . . 3 —
19 : *Fermentation — Fromages, etc.*; 54 figures . . . . 3 —
20 : *Gaiac — Gaz d'éclairage*; 28 figures . . . . 2 —
21 : *Gaz — Glucose*; 12 figures . . . . 2 —
22 : *Glucose — Gypse*; 13 figures . . . . 2 —
23 : *Hallosyte — Hydrotimétrie*; 14 figures . . . . 2 —
24 : *Hydrotimétrie — Jaune*; 7 figures . . . . 2 —
25 : *Jaune — Lin*; 15 figures . . . . 2 —
26 : *Linoléum — Monazite*; 15 figures . . . . 2 —
27 : *Mordants — Or*; 25 figures . . . . 2 —
28 : *Or — Pain*; 27 figures . . . . 2 —
29 : *Pain — Pétrole*; 21 figures . . . . 2 —
30 : *Pétrole — Pommades*; 5 figures . . . . 2 —
31 : *Poteries — Sang* . . . . 2 —
32 : *Santal — Soufre*; 17 figures . . . . 2 —
33 : *Soufre — Teinture*; 39 figures . . . . 2 —
34 : *Teinture — Verrerie*; 37 figures . . . . 2 —
35 : *Verrerie — Zircon*; 20 figures . . . . 2 —
36 : Complément : *Introduction* et *Frontispice* . . . . 2 —

Spécimen réduit d'une page du DICTIONNAIRE DE CHIMIE INDUSTRIELLE

voie la masse dans un appareil à distiller et on chasse l'aldéhyde au moyen d'un courant de vapeur barbotante. Quelquefois, on rectifie encore l'aldéhyde ainsi purifiée.

L'aldéhyde benzoïque commerciale ne subit pas cette rectification, qui entraîne à des pertes sensibles.

Propriétés. — L'aldéhyde benzoïque est une huile incolore, très réfringente, possédant une odeur aromatique agréable, rappelant celle des amandes amères et une saveur âcre et brûlante. Elle bout à 180° ; sa densité est 1,0504. Elle est soluble dans 30 parties d'eau et miscible, en toutes proportions, avec l'alcool et l'éther.

L'aldéhyde benzoïque est employée en parfumerie et pour la fabrication des couleurs artificielles, comme le vert malachite, le vert brillant, etc.

ALDÉHYDE FORMIQUE — [Russe : Муравейный альдегидъ ; Angl. : *Formaldehyd* ; Allem. : *Ameisenaldehyd, Formaldehyd* ; Ital. : *Aldeido formico* ; Esp. : *Aldehidé formico*]

Syn. *Formaldéhyde, Formol, Méthanol*

Formule : CH^2O

Ce corps, découvert par Hoffmann, a été plus spécialement étudié par M. Trillat qui a découvert ses propriétés antiseptiques énergiques.

Pour le préparer, M. Trillat dirige un courant de vapeurs d'alcool méthylique, produites dans une chaudière A (fig. ci-dessous), dans un tube en cuivre B, dont l'ouverture G est conique. Ce jet de vapeur, faisant trompe, aspire l'air qui lui est nécessaire pour son oxydation. Le mélange de vapeurs alcooliques et d'air passe sur de l'amiante platinée E, chauffée au rouge. L'oxyde de cuivre, les corps poreux, tels que

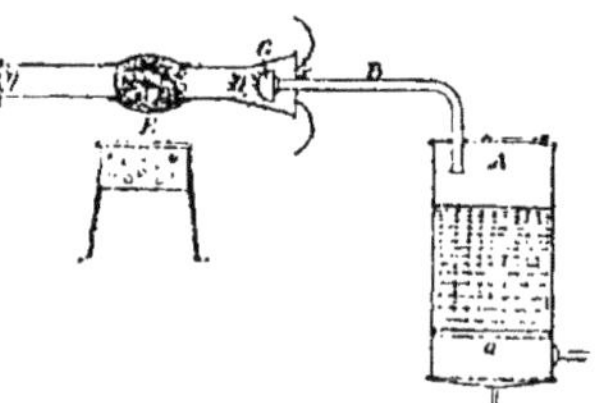

Fabrication de l'aldéhyde formique

le charbon des cornues, la porcelaine, le coke, peuvent remplacer l'amiante platinée. Les vapeurs, qui se dégagent, sont composées d'un mélange d'eau, d'alcool méthylique, de formol et de traces d'acide acétique et formique. On les condense dans de l'eau. On purifie la solution aqueuse en l'évaporant pour chasser l'alcool méthylique et les acides ; on peut s'aider du vide. Pour obtenir le formol tout à fait pur, il faudrait passer par sa combinaison bisulfitique.

Le formol, à l'état de solution à 30 ou 40 0/0, est un liquide incolore, sirupeux, d'une odeur piquante. On ne peut l'obtenir plus concentré ; sans cela, il se changerait en trioxyméthylène, qui se déposerait en poudre amorphe.

Le formol n'est pas très volatil ; on peut concentrer ses solutions au bain-marie. Ses vapeurs ne sont pas inflammables.

C'est un antiseptique puissant, à la dose de 1/12000 ; il conserve le bouillon de veau, pendant plusieurs semaines, tandis que le même bouillon, additionné de 1/6000 de bichlorure de mercure, se décompose en 5 ou 6 jours. A la dose de 1/1000, il tue les microbes salivaires en moins de 2 heures.

La viande immergée, pendant 3 minutes, dans une solution d'aldéhyde formique au 1/500, peut se conserver pendant 5 jours ; avec une immersion de 60 minutes, on peut la conserver pendant 25 jours. Les vapeurs d'aldéhyde formique, dégagées d'une solution à 10 0/0, empêchent la corruption de la viande ; en faisant agir ces vapeurs sous pression, la conservation est encore plus longue.

ALE. — V. Bière.

ALEMBROTH — [Russe : Алембротова соль ; Angl. : *Alembrot* ; All. *Weisheitssalz* ; Ital. : *Alembroth* ; Esp. : *Alembroth, Sal alembrotli*].

Syn. : *Sel alembroth, Sel de sagesse, Sel de science, Chlorohydrargirate ammoniacal.*

Formule : $2AzH^4Cl^2, HgCl^2, H^2O$.

Sel obtenu en mélant deux solutions, l'une de sel ammoniac et l'autre de bichlorure de mercure, dans les proportions indiquées par la formule ci-dessus. Il est employé en médecine à la place du sublimé.

Le sel d'alembroth insoluble s'obtient en ajoutant de l'ammoniaque à la solution du sel double ci-dessus. Le précipité, lavé et séché, porte les noms de *Lait mercuriel, Mercure précipité blanc, Mercure cosmétique.*

ALDOL. — [Russe : Альдоль ; Angl. : *Aldol* ; Allem. : *Aldol* ; Ital. : *Aldol* ; Esp. : *Aldol.*]

Formule : $C^4H^8O^2$.

Produit de condensation de l'aldéhyde. On le prépare en mélant, peu à peu, 100 g. d'aldéhyde avec 100 g. d'eau, en maintenant la température à 0° C. Ensuite, on ajoute, peu à peu, 200 g. d'acide chlorhydrique refroidi et on abandonne le tout à la lumière diffuse, pendant 5 à 15 jours. Le produit brun est étendu d'eau et neutralisé par le carbonate de soude. On sépare une huile qui vient surnager au dessus du liquide, on filtre celui-ci et on l'agite avec 12 0/0 de son volume d'éther, à cinq reprises différentes. On chasse l'éther par distillation et on distille le résidu sec en s'aidant du vide. Entre 80 et 100° et sous pression de 2 cm. de mercure, on recueille de l'aldol environ 1/4 du poids de l'aldéhyde mise en œuvre.

BULLETIN DE SOUSCRIPTION

Veuillez m'envoyer les ouvrages indiqués ci-dessous :

....

....

....

Ci inclus, pour solde, un mandat postal de

....

Nom ....

Qualité ....

Rue ....

Ville ....

SIGNATURE LISIBLE :

Avis important. — Tous les ouvrages sont expédiés *franco* lorsque le montant est joint à la demande; dans le cas contraire, l'envoi est fait contre remboursement aux frais du destinataire.

9-03 3055. — Paris, Typ. MORRIS Père et Fils, rue Amelot, 64.

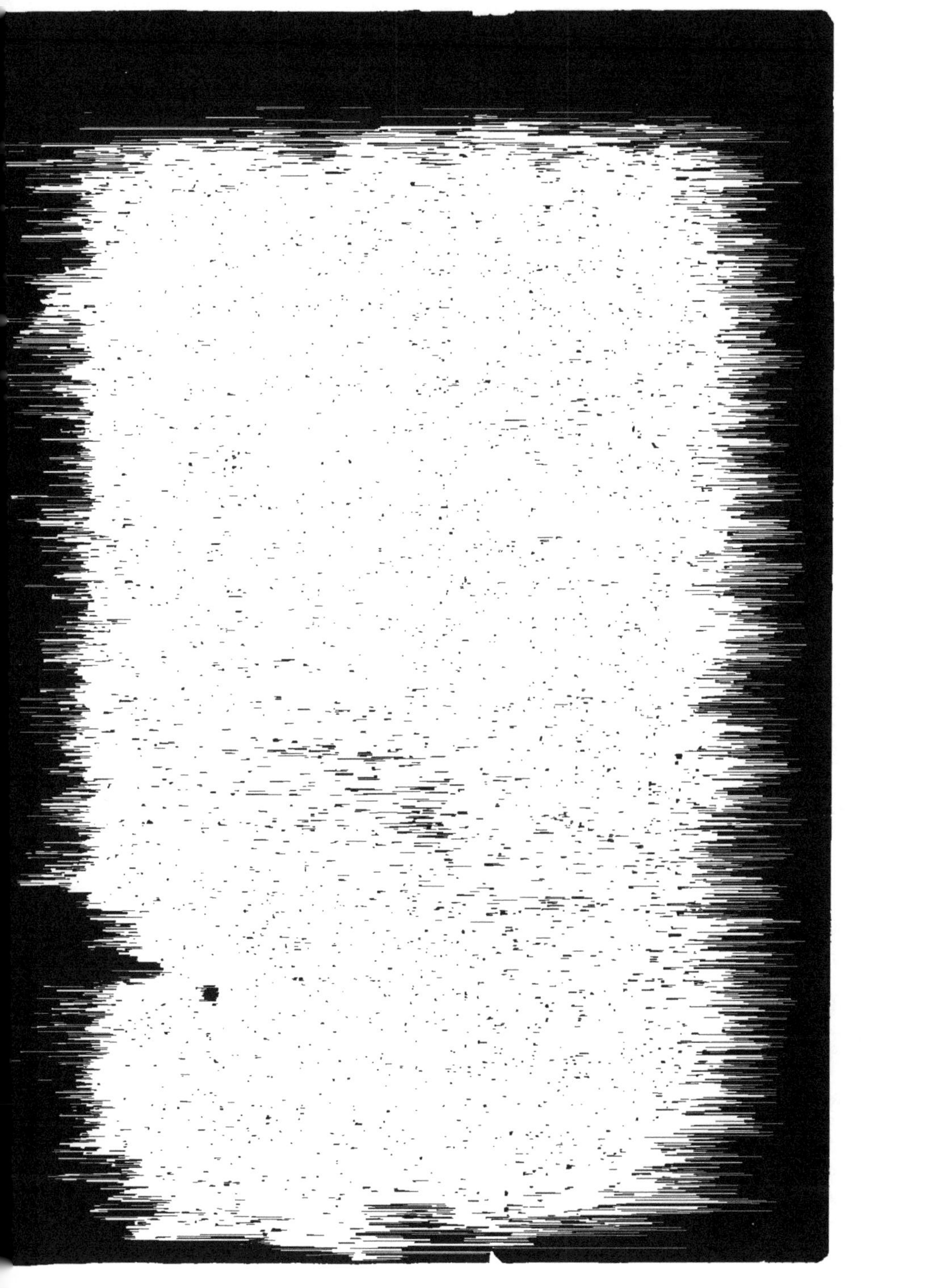

Envoi franco, joindre un mandat-poste à la demande.

Accumulateurs électriques, F. Cacheux . . . 4 »
Câbles électriques, S.-A. Russel . . . . . 6 »
Catéchisme d'Électricité, St-Edme 2 50
Compteurs d'électricité, E. Coustet . . 2 50
Dynamo électriques (machines), P. Clémenceau . . . . 5 »
Électrolyse, Électrométallurgie, Japing 4 »
Électricité (l') dans la Maison, Coustet 4 50
Galvanoplastie, argenture. Brunel . . 4 »
Horlogerie électrique, Tobler . . . . . . 3 »
Ingénieur électric. (Aide Mémoire de l') 6 »
Lampes électriques, D'Urbanitzsky . . . 4 50
Lumière électrique, (Installation de la) Anney, 2 vol :
Installations privées . . . . 5 »
Stations centrales . . . . 7 »
Monteur électricien (Manuel du), P. Laffargue, 700 fig. 6e édition . . . . 10 »
Piles électriques, Hauck 4 50
Sonneries électriques, G. Fournier . . . 2 50
Téléphone (Manuel du). Installations privées, Schwartze . . . . 4 »
Téléphonie à grande distance, Wietlisbach . . . . 4 »
Transport de Force par l'électricité, Deprez . . . . 5 »
Acétylène (L'), Dommer (140 fig.) 4 50
Aérostation (Manuel d'), de Fonvielle . . 5 »
Encyclopédie d'Agriculture, sous la direction de M. A. Larbalétrier 10 v. 15 »
Les Engrais 1 50 Drainage des terres 1 50. Élevage du bétail 1 50. Jardinage pratique (fleurs et légumes) 1 50 — Lait, beurre et fromage 3 fr. — Céréales et fourrages 1 50 —Arbres fruitiers et Vigne 3 fr. — Cidre et poiré, 1 50.—Volailles, lapins, abeilles 1 50— Machines agricoles, constructions rurales, 1 50.
Alcool (Fabrication de l'). Robinet et Canu . . . . 3 »
Aluminium, Ad. Minet, 2 vol.
Fabrication, ... 4 50
Alliages, emplois récents 4 50
Ammoniaque (Fabrication de l'), Truchot 6 »
Architectes et Entrepreneurs (Carnet Formulaire des) C. Sée, ... 4 50
Arpentage et Levé de Plans, par Dallet 4 »
Automobiles (Manuel du chauffeur-conducteur d') Farman . . . . 3 »
Automobiles (Manuel du constructeur d') M. Farman. in-16 et atlas in-4 . . . . . . 9 »
Bière (Fabrication de la), par Boulin . . . 9 »
Bougies, Savons et Chandelles. Droux et Larue, in-8 et atlas, cartonné toile . 20 »
Briquetier, Tuilier, par Lejeune . . . 8 »
Catéchisme des Chauffeurs-Mécaniciens 1 50

Chaux Ciments, Plâtres, Lejeune. . . 5 »
Chocolat (Fabrication du), L. de Belfort. 4 50
Conserves Alimentaires, de Noter . . . 3 »
Cordes, Ficelles et Filins (Fabrication des) Alf. Renouard. . . . . 10 »
Principes de Chimie, Mendéléeff, (2 vol. cart. toile) 15
Corps gras, par Villon. 6
Couleurs, Essences et R. Lemoine et Ch. du Manoir in-8° . . . . 6 »
Eaux (Analyse des), Fabre Domergue. . . 4 50
Encres et Cirages, Desmarest . . . . 5 »
Fécule et Amidon, Fritsch . . . . 6 »
Filets de pêche, (Fabrication des), par Vansteele . . . . 3 »
Géodésie, Dallet . . . . 4 »
Graissage des Machines, Thurston. . . 4 »
Ingénieur (Carnet formulaire de l'), . . . 4 50
Laminage du Fer, Neveu et Henry (1 vol et atlas). 40
Liqueurs (Fabrication) Ed. Robinet . . . 5 »
Matières colorantes artificielles, par Mamy 4 50
Manuel de l'Ouvrier - Mécanicien. G. Franche 8 volumes. 15
Principes de Mécanique, 2 fr. — Outils, Machines-outils, 2 fr. — Forge, Fonderie, 2 fr. — Engrenages, Transmissions, 2 fr. — Boulons, Rivets, Chaudronnerie, 2 fr. — Machines à vapeur, 2 fr. — Moteurs à gaz et pétrole, 2 fr. — Hydraulique, 2 fr.
Meunerie (Manuel de), L. de Belfort . . . 6 »
L'Or, par de la Coux. . . . . 5 »
Parfumeur (Manuel du), Askinson . . . . 6 »
Photographe (Encyclopédie de l'amateur par G. Brunel, Reyner, Chaux et Forest 10 volumes in-16. . . . . 20 »
Choix du Matériel, 2 fr. Le Sujet, Temps de pose, 2f. Clichés négatifs 2f. Épreuves positives, 2 f. Insuccès et retouche, 2 f. Photographie en plein air, 2 f. Portrait dans les appartements, 2f. Photographie en couleurs, 2 f. Agrandissements et projections, 2f. Objectifs et stéréoscopie. 2 »
Prospecteur (Manuel du) Anderson. . . . 4 50
Savonnier (Manuel du) Calmels . . . . . . 4 »
Soie (Fabrication de la), Villon . . . . . 6 »
Sondages (Traité de) E. Lippmann. . . . 4 50
Sucre (fabrication du). Boulin . . . . . . 6 »
Teinturier (Manuel du) par J. Hummel. . 7 50
Vernis. Ch. Coffignier. . . . . 5 »
Vinaigre (Fabrication du) Ch. Franche. 4 50
Vins rouges, vins blancs, etc., par Robinet. . . . . 5 »
Vins Mousseux, par Robinet . . . . 5 »
Vins, Analyse (des), par Robinet. . . . . 5 »

Paris. — Imp. Louis Lambert, 11, rue Molière.

www.ingramcontent.com/pod-product-compliance
Ingram Content Group UK Ltd.
Pitfield, Milton Keynes, MK11 3LW, UK
UKHW020146220726
13923UKWH00001B/388